北京市通州区动物疫病预防控制中心　组织编写

简明猪病 防治手册

◎ 吕三福　谢　佳　郭建立　杨秀环　主编

U0349272

中国农业科学技术出版社

图书在版编目（CIP）数据

简明猪病防治手册／吕三福等主编．—北京：中国农业科学技术出版社，2016.12
ISBN 978-7-5116-2955-5

Ⅰ．①简…　Ⅱ．①吕…　Ⅲ．①猪病－防治－手册
Ⅳ．①S858.28-62

中国版本图书馆 CIP 数据核字（2016）第 322138 号

责任编辑　徐定娜
责任校对　贾海霞

出版发行　中国农业科学技术出版社
　　　　　北京市中关村南大街 12 号　邮编：100081
电　　话　（010）82105169（编辑室）（010）82109704（发行部）
　　　　　（010）82109709（读者服务部）
传　　真　（010）82105169
社 网 址　http:∥www.castp.cn
经　　销　各地新华书店
印　　刷　北京富泰印刷有限责任公司
开　　本　880mm×1230mm　1/32
印　　张　8
字　　数　230 千字
版　　次　2016 年 12 月第 1 版　2017 年 3 月第 2 次印刷
定　　价　32.00 元

本书由现代农业产业技术体系
北京市生猪创新团队提供资金支持！

《简明猪病防治手册》编写人员

主　　编： 吕三福　　谢　佳　　郭建立　　杨秀环

副 主 编： 肖金东　　楚德军　　李　芳　　孙健华

参编人员： 王　梁　　王　营　　邓乃文　　朱洪梅

　　　　　　　刘　康　　孙立丽　　李志衍　　李艳秋

　　　　　　　李　爽　　杨　阳　　张连洁　　张春泉

　　　　　　　张　强　　张海云　　陈少康　　尚　斌

　　　　　　　周会文　　姚　晔　　秦海荣　　耿建新

　　　　　　　黄　芳　　梅　婧　　程柏丛　　谢实勇

　　　　　　　滕　飞　　衡鑫月　　薛振华

前言
FOREWORD

养猪业是我国畜牧业中的重要产业，猪肉是我国人民主要的肉食来源，但是猪产业的持续发展面临着一系列的挑战，如疾病控制与环境压力、基层兽医技术薄弱等。

本书共七章，第1～4章包含猪的传染病、寄生虫、内科、营养代谢、产科等常见多见病，基本上反映了当前养猪生产中存在的主要疾病，对每种疾病的病因（原）、流行特点，具有诊断价值的临床症状和病理变化以及诊断防治措施都做了系统说明；第5～7章对猪场的免疫净化、临床常用兽药的合理使用、病理病料的采集、保存及寄送做了全面阐述，并引用典型例证加以说明。除此之外，本书还对免疫和重大动物疫病消毒技术操作做了详细阐述，旨在科学指导基层畜牧兽医工作者和广大养殖场（户）规范免疫操作、提高消毒效果，做到有效预防和控制动物疫病发生，保障肉食品安全。

本书言简意明，通俗易懂，适合广大养殖场（户）学习之用，也可以作为基层兽医工作技术人员业务参考用书。

鉴于编者水平有限和时间仓促，本书中可能存在一些问题，希望读者不吝批评指正。

编　者
2016 年 11 月

1

目 录
CONTENTS

第一章　猪的主要传染病 ················· 1

　　·病毒性疾病·

一、猪瘟 ······································ 1

二、口蹄疫 ···································· 4

三、猪繁殖与呼吸综合征（蓝耳病） ·········· 7

四、猪圆环病毒病 ····························· 9

五、猪伪狂犬病 ······························· 12

六、猪水疱性疹 ······························· 15

七、猪流感 ···································· 17

八、猪传染性胃肠炎 ··························· 20

九、猪流行性腹泻 ····························· 22

十、猪轮状病毒病 ····························· 24

十一、猪细小病毒病 ··························· 26

十二、日本脑炎 ······························· 28

十三、猪传染性脑脊髓炎 ······················ 30

十四、猪腺病毒感染 ··························· 32

十五、非洲猪瘟 ······························· 34

十六、猪巨细胞病毒感染症 ···················· 37

十七、猪痘 …………………………………………… 39

　　　　·细菌病·

一、猪丹毒 …………………………………………… 41

二、猪肺疫 …………………………………………… 43

三、猪大肠杆菌病 …………………………………… 46

四、猪链球菌病 ……………………………………… 49

五、猪梭菌性肠炎 …………………………………… 52

六、猪增生性肠炎 …………………………………… 54

七、猪痢疾 …………………………………………… 57

八、猪副伤寒 ………………………………………… 58

九、副猪嗜血杆菌病 ………………………………… 61

十、猪炭疽病 ………………………………………… 63

十一、猪布鲁氏菌病 ………………………………… 66

十二、猪传染性胸膜肺炎 …………………………… 68

十三、猪支原体肺炎 ………………………………… 70

十四、猪破伤风病 …………………………………… 72

十五、猪附红细胞体病 ……………………………… 74

十六、猪钩端螺旋体病 ……………………………… 76

十七、猪李氏杆菌病 ………………………………… 80

十八、猪结核病 ……………………………………… 82

十九、猪渗出性皮炎 ………………………………… 84

　　　　·寄生虫病·

一、猪弓形虫病 ……………………………………… 87

二、猪蛔虫病 ·· 90

三、猪球虫病 ·· 93

四、猪旋毛虫病 ·· 95

五、猪鞭虫病 ·· 97

六、猪姜片吸虫病 ·· 100

七、猪食道口线虫病 ·· 102

八、猪类圆线虫病 ·· 104

九、猪囊虫病 ·· 106

十、猪细颈囊尾蚴病 ·· 108

十一、猪胃线虫病 ·· 110

十二、猪疥癣病 ·· 112

十三、猪虱病 ·· 114

第二章　中毒病 ··· **116**

一、氢氰酸中毒 ·· 116

二、猪有机磷农药中毒 ···································· 118

三、猪铜中毒 ·· 121

四、菜籽饼中毒 ·· 123

五、猪马铃薯中毒 ·· 126

六、猪酒糟中毒 ·· 129

七、猪黑斑病甘薯中毒 ···································· 131

第三章　营养代谢病 …………………………… **135**

一、猪碘缺乏症 …………………………………… 135

二、猪佝偻病 ……………………………………… 136

三、猪锰缺乏症 …………………………………… 138

四、猪软骨病 ……………………………………… 139

五、猪锌缺乏症 …………………………………… 141

六、猪异食癖 ……………………………………… 143

第四章　其他疾病 ……………………………… **146**

一、母猪子宫内膜炎 ……………………………… 146

二、风湿病 ………………………………………… 148

三、猪应激综合征 ………………………………… 150

四、乳房炎 ………………………………………… 152

五、产后无乳症 …………………………………… 155

六、猪咽炎 ………………………………………… 157

七、肠便秘 ………………………………………… 158

八、猪肠扭转 ……………………………………… 160

九、猪肠套叠 ……………………………………… 162

十、猪难产 ………………………………………… 163

十一、猪流产 ……………………………………… 165

十二、猪死胎 ……………………………………… 168

十三、猪疝气 ……………………………………… 170

十四、猪消化不良 ………………………………… 173

十五、猪中暑 ·· 174

第五章　猪场的免疫与净化 ············· 177

一、猪场的免疫技术 ······························· 177

二、猪场疫病净化 ································· 186

第六章　临床常用兽药的合理使用 ········· 192

一、国内猪场临床用药出现的问题 ········· 192

二、药物的配伍 ································· 195

三、猪场常用兽药 ································· 201

四、抗菌药的联合应用 ··························· 213

第七章　猪病诊疗技术 ····················· 215

一、猪的保定法和给药法 ····················· 215

二、猪病临诊诊断方法 ··························· 216

三、猪病的流行病学诊断 ····················· 219

四、猪病病理剖检诊断 ··························· 225

五、病料的采集、保存和送检 ················· 236

第一章
猪的主要传染病

·病毒性疾病·

一、猪瘟

猪瘟俗称"烂肠瘟",是由猪瘟病毒引起的一种急性、热性、接触性传染病。该病分布广泛,近年来还呈现出隐性感染、混合感染等特点,给我国养猪业造成了严重的经济损失。世界动物卫生组织(OIE)将猪瘟列为 A 类疫病,我国也将其列为 I 类传染病。

(一)病原学

猪瘟病毒是黄病毒科,瘟病毒属的成员。病毒粒子为有囊膜的球形 RNA 病毒,直径40~50nm,核衣壳直径约29nm。猪瘟病毒依其毒力不同可分为强毒株、中等毒力毒株及弱毒株,但只有 1 种血清型。对不同温度变化的敏感性存在一定差异,60℃条件下16~27小时或72~76℃条件下 1 小时可使其丧失毒力。干燥和腐败条件下病毒易死亡。强酸强碱如 pH 值<3.0 或 pH 值>11.0 可将其灭活。病毒对常规消毒剂具有一定的抵抗力,对碱性消毒剂较为敏感,常用的消毒剂有火碱、生石灰、碳酸钠等。

(二)流行特点

本病只感染猪,不同年龄、品种的猪均易感,一年四季都可以发生。病猪是主要传染源,病毒随着病猪口、眼、鼻的分泌物和尿、粪排出,污染了环境,易感猪采食了被污染的饲料、饮水或吸入含毒的飞沫、尘埃等被感染。另外,病死尸体处理不当、执行防

1

疫措施不认真、防疫用的针具不消毒、免疫不规范、外购猪只不隔离检疫直接进场、饲养人员家中及集体食堂吃病猪肉扩散了病毒等也是造成猪瘟发生的一些重要因素。

免疫猪群呈散发，发病率多在 10% ~25%，病死淘汰率 100%。

发病年龄以 35 日龄断奶前后的仔猪多发。有时 15 日龄以内乳猪也有发病，小育肥猪（60 千克左右）偶有发生。

种公猪发病一般无明显临床症状，但繁殖母猪发病则表现繁殖障碍，以空怀、早产、产死胎、木乃伊胎、畸形胎、独子胎最为常见。病毒还可以通过胎盘传给胎儿，造成乳猪在出生的 1~3 天内死亡。仔猪如耐过，则长期带毒排毒，造成猪瘟感染不断。

（三）临床症状

根据临床症状和病程长短不同可将猪瘟分为最急性型、急性型、亚急性型和慢性型。

最急性型：病程 1~4 天，病猪多突然发病，高热稽留（41~42℃），食欲不振，可视黏膜及腹部皮肤广泛性充血、出血，多因心力衰竭很快死亡，死亡率为 90% ~100%。

急性型：病程为 10~20 天，病猪体温升高至 41℃以上，高热稽留，食欲减退，精神萎靡，不愿活动，眼结膜潮红，两眼有脓性分泌物，严重者眼睑可能被完全粘连。皮肤发绀，多见于耳根、颈部、腹股沟及四肢内侧。死亡率 50% ~60%。耐过猪多转为亚急性型或慢性型。

亚急性型：病程在 30 天以内，临床症状与急性型相似。体温时高时低，呈弛张热型。便秘或下痢交替，以下痢为主。皮肤有明显的出血点，耳部、腹下、四肢和会阴部可见陈旧性出血。病死率低，但很难完全恢复。死亡率 30% ~40%。

慢性型：病程 1~2 月，病猪体温稽留在 40~41℃。病程较长时，病猪皮肤可见瘀血斑或坏死痂，病愈后可出现紫耳朵、干尾巴。死亡率一般为 10% ~30%。

（四）病理变化

最急性型：病变不显著，仅见浆膜、黏膜和肾脏有少量出血点，淋巴结肿胀、出血。

急性型：病死猪全身皮肤、浆膜、黏膜和内脏器官有不同程度的出血。脾脏边缘有多个大米粒至黄豆粒大小的出血性梗死灶，多呈结节状。大肠的回盲瓣处及结肠黏膜处形成大小不一的圆形纽扣状溃疡。淋巴结肿胀、充血、出血。肾脏颜色变淡，皮质有针尖大小的出血点，有时密集分布似"麻雀蛋"样，肾脏皮质和髓质均可见有点状、线状出血，整个切面呈红白相间的大理石纹理。喉头黏膜及扁桃体出血。输尿管及膀胱黏膜上有散在的出血点。

亚急性型：剖检变化与急性型相似，但症状较轻。主要病变为淋巴结肿大、出血。肾脏、脾脏、耳根、股内侧皮肤出现出血坏死样病灶。

慢性型：主要病变为盲肠和结肠黏膜上，特别是回盲瓣附近可见"扣状肿"。个别可见败血症变化，但症状较轻。

（五）诊断

依据典型临床症状和病理变化可做出初步诊断，确诊需进一步做实验室诊断。常用的诊断方法有动物接种试验、琼脂扩散试验（AGP）、免疫荧光试验（FAT）、中和试验、间接血凝试验（IH）、酶联免疫吸附试验（ELISA）、聚合酶链反应（PCR）、基因芯片检测技术等。

（六）综合防控措施

1. 预防

加强饲养管理，提高猪群的免疫水平。进行猪瘟疫苗的预防注射是预防本病的关键。农业部规定的操作免疫规程如下。

规模养猪场免疫：商品猪 25～35 日龄初免，60～70 日龄加强免疫一次；种猪 25～35 日龄初免，60～70 日龄加强免疫一次，以后每4~6个月免疫一次。

散养猪免疫：每年春、秋两季集中免疫，每月定期补免。

紧急免疫：发生疫情时对疫区和受威胁地区所有猪进行一次强化免疫。

2. 治疗

本病因发展快、死亡率高、难治愈，所以无治疗价值，应立即扑杀所有的病猪和带毒猪，病死猪及其产品进行无害化处理。

二、口蹄疫

口蹄疫（FMD），俗称"口疮""辟癀"，是由口蹄疫病毒引起的偶蹄动物的一种急性、热性、高度接触性传染病。主要侵害偶蹄类动物，偶见于人和其他动物。目前，口蹄疫在世界上仍然广泛分布，是危害畜牧业最严重的传染病之一。世界动物卫生组织（OIE）将FMD列为A类传染病，我国将其列为I类传染病。

（一）病原学

口蹄疫病毒属小RNA病毒科口蹄疫病毒属成员，病毒粒子直径为20~25nm，是已知最小的动物RNA病毒。病毒粒子呈六角形或球形，无囊膜。共有7种血清型：O型、A型、C型、SAT 1型、SAT 2型、SAT 3型、Asia-1型，不同血清型之间没有交叉保护力。我国流行的口蹄疫病毒主要为O型、A型和Asia-1型。该病毒对外界的抵抗力较强，在污染的饲草、圈舍墙壁和地面上的干燥分泌物上的病毒可存活1个月以上。在冰冻情况下，血液及粪便中的病毒可存活120~170天。高温和紫外线对病毒有杀灭作用，对酸碱也较为敏感，常用2%的NaOH、2%的KOH、4%的Na_2CO_3、0.3%的过氧乙酸等作为畜舍的消毒剂。

（二）流行特点

偶蹄动物对该病毒最为敏感，如牛、羊、骆驼、鹿等，单蹄动物不发病。本病一年四季均可发生，但以冬春、秋季气候比较寒冷时多发。不同年龄段的猪对口蹄疫病毒的易感性不同，以幼仔猪最为多发，成年猪的发病率也较高。病猪的水疱皮、水疱液、血液、尿液、乳汁、唾液等均有病毒的存在，尤以水疱液含毒量最高，主要经消化道、呼吸道、破损的皮肤、黏膜、尿、奶、精液和唾液等途径直接或间接传播。

（三）临床症状

猪口蹄疫潜伏期较短，一般为 1～3 天。病猪最初主要表现为发热（40～41℃），食欲不振，精神沉郁，被毛粗乱。病猪的吻突、口腔、舌面出现水疱，破溃后形成烂斑，大量流涎、咀嚼困难。病猪常卧地不起，四肢蜷于腹下，强行驱赶时，跛行，痛感明显，常发出凄厉的尖叫声。病猪蹄冠部皮肤潮红、肿胀，蹄冠、蹄踵、蹄叉、副蹄出现水疱、烂斑，蹄部不敢着地，严重时造成蹄壳脱落。哺乳母猪的乳房和乳头上的水疱发生糜烂，引起疼痛，导致泌乳下降甚至拒绝哺乳。初生仔猪和哺乳仔猪外观症状不明显，通常呈急性胃肠炎、腹泻及心肌炎症状，病程很短，出现痉挛、嚎叫，突然死亡。

（四）病理变化

心肌松软似煮熟状，心包膜有弥散性出血点，心肌切面有灰白色或浅黄色斑点或条纹，好似老虎身上的斑纹，故称"虎斑心"。骨骼肌，特别是腿部肌肉多发现玻璃样、蜡样变性坏死。咽喉、气管、支气管黏膜有时可见到圆形烂斑和溃疡。

（五）诊断

猪口蹄疫与水疱性疹、猪水疱病、猪水疱性口炎等病的流行特点、临诊症状十分相似，其中，心肌和骨骼肌病变可作为初步诊断依据，确诊需结合实验室技术。目前，可用的诊断方法有中和实验、补体结合实验、免疫扩散、凝集实验、免疫电泳技术、沉淀实验、免疫荧光技术、放射免疫试验、酶联免疫吸附试验、聚合酶链式反应等。其中，应用较多的为间接血凝试验、酶联免疫吸附试

5

验、补体结合试验和琼脂扩散试验。

猪口蹄疫与水疱性疹、水疱病、猪水疱性口炎的鉴别诊断见表 1 - 1。

表 1 - 1　猪口蹄疫与水疱性疹、水疱病、猪水疱性口炎的鉴别诊断

类别	口蹄疫	水疱性疹	水疱病	猪痘
病原	口蹄疫病毒	水疱疹病毒	水疱病毒	痘病毒
流行特点	偶蹄兽最易感,不分年龄品种,并感染人;多途径传播,冬季多发,传播快,大流行,发病率高,死亡率低	只感染猪,一年四季均能发病,但以初冬和末冬最为常见,属地方流行性传染病	只感染猪,不分年龄、品种,无季节性,发病率高,死亡率低	各种年龄均可发生,夏秋多见,地方流行性,很少死亡
主要临床症状	体温 40 ~ 41℃;鼻端、唇、口腔黏膜、蹄、乳房有水疱、烂斑,跛行,重者蹄匣脱落,行走困难;孕猪流产,仔猪死亡率高,可达 100%	体温 40.6 ~ 41.8℃;多发于猪唇、齿龈、舌、腭、鼻镜以及四肢的蹄冠、蹄踵和趾间、乳头等部位。有时腕前、跗前皮肤也有水疱。病程较短,口部病变愈合较快	体温 40 ~ 42℃,先于蹄部出现水疱、烂斑,跛行,后有少数猪鼻端出现水疱,仔猪有神经临诊症状	体温 41 ~ 42℃,主要在病猪皮薄毛少部,有红斑—丘疹—水疱—脓疱—结痂经过,很少死亡,易继发感染
特征性病理变化	仔猪因心肌炎死亡时,可见"虎斑心",部分可见出血性肠炎	局部淋巴结充血水肿	死亡猪只内脏器官无肉眼可见病变	发病严重的猪只咽、口腔、胃和气管出现疱疹,初期腹股沟淋巴结肿大
实验室诊断	病毒分离、琼扩、补反、乳鼠接种	病毒分离,中和试验,酶联免疫吸附试验,补体结合试验,免疫荧光试验	病毒分离,琼扩、补反,接种乳鼠	病毒分离,聚合酶链式反应,酶联免疫吸附试验

（六）综合防控措施

1. 预防

规模养殖场按农业部推荐的免疫程序进行免疫（28～35 日龄时进行初免。初免后，间隔 1 个月后进行一次加强免疫，以后每隔4～6 个月免疫一次），散养猪在春秋两季各实施一次集中免疫，对新补栏的猪只要及时免疫。

发生疫情时，对疫区、受威胁区域的全部易感家畜进行一次加强免疫。

2. 应急措施

发生口蹄疫疫情后，应立即上报，按照"早、快、严、小"的原则，采取封锁、隔离、检疫、消毒等措施。

三、猪繁殖与呼吸综合征（蓝耳病）

猪繁殖与呼吸综合征又称"猪蓝耳病"，是由猪繁殖与呼吸综合征病毒引起的猪的一种繁殖障碍和呼吸道炎症的传染病，是危害养猪业最严重的病毒性疫病之一。

临床上以厌食、发热、母猪繁殖障碍为特征，怀孕后期发生集中流产、产死胎和木乃伊胎。仔猪和育肥猪表现出严重的呼吸道症状，死亡率较高。

我国最早于1995 年在加拿大进口的种猪身上分离到猪繁殖与呼吸综合征病毒。

世界动物卫生组织将其列为 B 类传染病，我国将其列为二类传染病（高致病性猪蓝耳病列为一类疫病）。

（一）病原学

猪繁殖与呼吸综合征病毒，属于动脉炎病毒科，动脉炎病毒属的成员。病毒粒子为卵圆形，直径 50～65nm，无血凝活性。该病毒分为美洲株和欧洲株，两种基因型之间无完全的交叉保护，猪繁殖与呼吸综合征病毒在合成时易产生错误，产生点突变、缺失、添加和毒株间的基因重组。对温度和 pH 值的变化较为敏感，室温以及 30℃ 以下迅速失活，56℃ 加热 45 分钟可使其完全灭活。pH 值小于 5 或大于 7 时，感染力可减少 90% 以上。对消毒剂的抵抗力不强。用 5% 的碘或 3% 季铵化合物 1 分钟即可杀灭病毒。

（二）流行特点

本病的主要传染源是病猪和带毒猪以及被污染的环境、用具，耐过猪可长期带毒一年。

病毒主要通过接触和空气传播，以呼吸道传播最快，其次是妊娠后期垂直感染或通过配种传染。所有的猪（不分性别、年龄、品种）都可以感染，但以妊娠后期的母猪和哺乳仔猪发病最为严重。

（三）临床症状

猪繁殖与呼吸综合征受毒株、年龄、猪群的免疫状态以及管理因素和环境条件的影响在不同感染猪群中存在很大差异。本病主要侵袭繁殖和呼吸系统，多表现为母猪繁殖障碍，仔猪断奶前高死亡率，育成猪的呼吸道疾病等症状。

母猪：刚开始发病时主要表现为体温升高（40～41℃）、食欲不振、嗜睡、精神沉郁和不同程度的呼吸困难。部分患猪出现呕吐、软脚，个别甚至出现肢端麻痹性中枢神经症状。配种前感染的母猪多表现为产仔率低、推迟发情、屡配不孕或不发情。妊娠后期（107～114 天）发生早产、流产、死胎、木乃伊胎和弱仔，流产率可高达 50%～70%。少数母猪可出现一过性末梢皮肤发绀、乳汁减少或产后无乳、胎衣不下及阴道分泌物增多等。

仔猪：以 2～28 日龄感染后症状明显，大多数出生仔猪表现食欲减退、腹泻、呼吸困难、肌肉震颤、后肢麻痹、共济失调、眼睑水肿、生长缓慢、嗜睡等症状，少数仔猪耳部和躯体末端皮肤发绀。死亡率高达 80%～100%。

育肥猪：主要表现为呼吸道症状，病猪咳嗽、气喘，普遍出现高热、腹泻、被毛粗乱，少数病猪可见耳部、腹部、尾部和腿发绀等。若无继发感染病猪死亡率较低。

（四）病理变化

猪繁殖与呼吸综合征造成的肉眼和微观病理变化一般发生在新生仔猪和保育猪上。仔猪常见眼睑水肿，皮下水肿。气管和支气管充满泡沫。肺呈红褐色斑驳状，表现为局灶性肺炎、充血、出血、水肿。心脏肿大变圆，心包积液。腹腔积液。

（五）诊断

由于猪繁殖与呼吸综合征存在很大部分的亚临床感染，临床症状并不显著，仅靠临床症状诊断较为困难，确诊需进行实验室检测。实验室常用的病原学诊断方法有病毒分离和RT-PCR，常用的检测材料有肺、扁桃体、脾、淋巴结和血清。常用的血清学诊断方法有酶联免疫吸附试验（ELISA），间接荧光抗体试验（IFA），血清病毒中和试验（VN）和免疫过氧化酶单层分析试验（IPMA）。酶联免疫吸附试验和间接免疫荧光技术具有敏感性高，特异性好等优点，可作为监测和诊断本病的常规方法。

（六）综合防控措施

1. 预防

接种疫苗是预防本病的重要措施，目前，国内使用的疫苗有高致病性猪蓝耳病灭活疫苗和高致病性猪蓝耳病弱毒疫苗。

2. 治疗

本病尚无特效药物疗法，主要采取检疫、净化、消毒等综合防控措施。

四、猪圆环病毒病

猪圆环病毒病（Porcine Circovirus Disease，PCVD）是与猪圆环病毒2型相关的疾病或症状的统称，临床上主要表现为断奶仔猪多系统衰弱综合征、猪皮炎肾病综合征和怀孕母猪繁殖障碍综合征。我国自 2000 年报道首例圆环病毒病以来，该病已在我国广泛流行，仔猪死亡率可达 4% ～20%，给我国养猪业造成了严重的经济损失。

（一）病原学

猪圆环病毒是圆环病毒科圆环病毒属的成员，不引起细胞病变，该病毒无囊膜，基因组仅由一个单股环状 DNA 链组成。现已知猪圆环病毒有两个血清型，即猪圆环病毒 1 型和猪圆环病毒 2 型。猪圆环病毒 1 型为非致病性的病毒，猪圆环病毒 2 型为致病性的病毒。

猪圆环病毒对外界的抵抗力较强，耐酸，耐高温。在 pH 值为 3 的酸性环境中，仍可存活。在 56℃ 或 70℃ 条件下，也可存活。对苯酚、氧化剂、氢氧化钠和季胺类化合物等比较敏感，以上消毒剂可用于杀灭猪圆环病毒。猪圆环病毒不能凝集牛、羊、猪、鸡等多种动物和人的红细胞。

（二）流行特点

猪圆环病毒 2 型在自然界中广泛存在，家猪和野猪是自然宿主，非猪科不易感。各种年龄的猪均可感染，但仔猪感染后发病严重，6～12 周龄猪最多见，主要经消化道和呼吸道途径传播。怀孕母猪感染后，可经胎盘途径垂直传染给仔猪，引起繁殖障碍。猪圆环病毒 2 型多在其他因素参与下导致明显临床病症。这些因素包括：高密度饲养、猪舍温度不适、通风不良、混群饲养、免疫接种应激等。

（三）临床症状

断奶仔猪多系统衰弱综合征：病猪主要表现为生长不良或停滞、皮肤苍白、行动迟缓、呼吸困难、黄疸等特征，有的猪有持续性或间歇性腹泻症状，疾病早期触诊可见皮下淋巴结肿大。死亡率可达 4% ～20%。

猪皮炎肾病综合征：主要侵害仔猪、育成猪和成年猪。一般呈现厌食、精神萎靡、轻度发热或不发热，喜卧，不愿走动，步态僵硬。最常见的症状为皮肤出现圆形或不规则的红斑及丘疹，多集中在后肢及会阴区域，继发感染者往往会出现皮肤溃烂、结痂。临床症状出现后，严重感染的患病猪多在几天内全部死亡，耐过猪多于7~10天时恢复。受感染猪死亡率10%~20%。

怀孕母猪繁殖障碍综合征：主要表现为后期流产、死胎、木乃伊胎增多，但临床病例较少。

（四）病理变化

断奶仔猪多系统衰弱综合征：主要见于淋巴组织，全身淋巴结不同程度肿大，特别是腹股沟淋巴结常肿大2倍以上，多呈灰白色或深浅不一的暗红色，切面外翻多汁。晚期淋巴结通常正常或萎缩，但常见胸腺皮层萎缩。

猪皮炎肾病综合征：一般表现为双侧肾肿大，肾皮质颗粒渗出及红色点状坏死，肾盂水肿。病程较长时，可见慢性肾小球肾炎。

怀孕母猪繁殖障碍综合征：死胎和不发育仔猪表现为慢性肝瘀血和心肌肥大，大面积纤维组织增生或坏死性心肌炎。

（五）诊断

依据流行病学特点、临床症状、剖检病变可作出初步诊断，但确诊需要进行实验室检测。

可采用免疫组织化学方法、聚合酶链式反应、免疫荧光抗体技术、原位核酸杂交来直接检测病料中的猪圆环病毒2型病毒。国外有采用核酸探针检测猪圆环病毒2型的报道。

（六）综合防控措施

1. 预防

控制猪圆环病毒2型的主要措施包括：注射圆环病毒疫苗预防、环境消毒和饲养管理。疫苗可选用猪圆环病毒2型灭活疫苗

（LG 株）通过颈部肌肉注射途径进行免疫。

　　免疫程序如下：新生仔猪：3～4 周龄首免，间隔 3 周后加强免疫 1 次，1 毫升/头；后备母猪：配种前做基础免疫 2 次，间隔 3 周，产前 1 个月时加强免疫一次，2 毫升/头；经产母猪：产前 1 个月接种一次，2 毫升/头；对其他成年猪实施普免，基础免疫 2 次，间隔 3 周，以后每半年免疫一次，2 毫升/头。消毒药可根据情况选用 2% 的氢氧化钠、1∶600 稀释的百毒杀或 1∶200 倍稀释的消毒灵等。

　　2. 治疗

　　目前尚无有效治疗方法，一旦发生感染，要立即隔离病猪，并用 2%～3% 的火碱溶液消毒猪舍、饲养用具及进出车辆等。感染猪可用氟苯尼考、丁胺卡那霉素、克林霉素或磺胺类药物进行治疗，以减少并发感染。同时用黄氏多糖注射液配合维生素肌肉注射，诱导机体产生干扰素，增强病猪体质，促进猪只康复。

五、猪伪狂犬病

　　伪狂犬病是由伪狂犬病毒引起的猪和其他动物共患一种急性传染病。我国自 1947 年从猪体内首次分离到伪狂犬病毒以来，该病已蔓延至我国大部分省、市和地区的养殖场，给我国养猪业造成了巨大的经济损失。世界动物卫生组织（OIE）将其列为 B 类传染病，我国将其列为二类动物疫病。

（一）病原学

　　猪伪狂犬病毒是疱疹病毒科疱疹病毒亚科水痘病毒属的成员。病毒粒子为圆形，直径 150～180nm。猪伪狂犬病毒基因组为线性双股 DNA。伪狂犬病毒只有一个血清型，但不同毒株在毒力和生物学特性等方面存在差异。

　　猪伪狂犬病毒对外界环境的抵抗力较强。55～60℃ 条件下 30～50 分钟、80℃ 条件下 3 分钟或 100℃ 瞬间才能将病毒灭活。猪伪狂犬病毒可以在井水中存活长达 7 小时，在绿草、土壤和排泄物中存活 2 天，在污染的饲料里存活 3 天，在垫草中存活 4 天。猪伪狂犬病毒对干燥、紫外线较为敏感。0.5%～1% 的火碱可使其迅速失活。

（二）流行特点

猪是伪狂犬病毒的天然宿主和贮存宿主，各种年龄段的猪均易感。猪伪狂犬病毒的传播途径主要为消化道和呼吸道，也可通过配种时经污染的阴道黏膜或精液及在妊娠时经胎盘传播。在适宜的环境下，病毒还可以以气溶胶的形式传播。

（三）临床症状

临床症状及严重程度随发病猪的年龄、感染途径、感染毒株的毒力和免疫情况不同而有所差异。15 日龄以内的仔猪高度易感，一旦发病，多在 1～2 日内死亡，病死率常高达 100%。发病仔猪主要表现为高热、呕吐、衰弱、昏睡、共济失调、角弓反张、四肢似游泳状划动等症状；断奶仔猪的临床症状与新生仔猪相似，死亡率一般低于 50%；育肥猪则大多伴有打喷嚏，鼻有分泌物，呼吸困难等呼吸道症状，出现神经症状的比例较低，大多数猪在退热，恢复食欲后便可迅速痊愈；成年猪常呈隐性感染，不发生死亡，但部分耐过猪可长期带毒、排毒；怀孕母猪可发生流产、死胎或木乃伊胎，其中以死胎为主。一旦感染，无论是头胎母猪还是经产母猪都会出现屡配不孕，返情率高现象。

（四）病理变化

剖检病变主要是上呼吸道黏膜及扁桃体出血水肿，有时可见肺水肿，伴有神经症状时可见脑膜充血、出血、水肿，脑脊液增多。

组织学病变主要是中枢神经系统的弥散性非化脓性脑膜脑炎及神经节炎，有明显的血管套及胶质细胞坏死。在脑神经细胞内、鼻咽黏膜、脾及淋巴结的淋巴细胞内可见核内酸性包涵体。

（五）诊断

猪伪狂犬病在临床上与猪细小病毒病、日本脑炎和猪布氏杆菌病较为相似，根据其流行特点、临床症状和特征性病理变化可初步进行鉴别诊断，确诊需要借助实验室技术。

猪伪狂犬病与细小病毒病、日本脑炎、布鲁氏菌病的鉴别诊断见表1-2。

表1-2　猪伪狂犬病与细小病毒病、日本脑炎、布鲁氏菌病的鉴别诊断

类别	伪狂犬病	细小病毒病	日本脑炎	布鲁氏杆菌病
病原	伪狂犬病病毒	细小病毒	日本脑炎病毒	布鲁氏杆菌
流行特点	多种动物易感，孕猪和新生仔猪最易感，感染率高，发病严重，流行期长，无季节性，仔猪死亡率高，母猪主要表现为流产；垂直传播	大小猪均易感，但仅初产猪表现症状；垂直传播，流行期长	初产母猪、仔猪和育肥猪多发，人兽共患，夏秋多见，与蚊虫有关，散发，感染率高，发病率低	人兽共患，多见于产仔季节，感染率高，但仅少数孕猪发病
主要临床症状	侵害妊娠40天以上胎儿，出现流产、死胎、木乃伊及弱仔多见，弱仔发病死亡快，母猪无其他症状，仔猪有呼吸道和神经症状，四肢作划水状	妊娠早期感染，胚胎死亡，产子数少或屡配不孕；中期感染产木乃伊胎；后期感染产子正常	可侵害各时期胎儿，多产出死胎和木乃伊，少数为活仔，但1~2天发病死亡，公猪睾丸单侧性肿胀、发热、疼痛	孕猪流产可见于妊娠各个时期，以早、中期多见，公猪表现睾丸炎
特征性病理变化	无明显肉眼病理变化，非化脓性脑炎，脑组织有核内包涵体	发育不良，死胎充血、水肿、出血，体腔积液或木乃伊化	胎儿脑水肿，脑膜、脊髓充血，非化脓性脑炎，脑发育不全，皮下水肿，体腔积液，肝脾坏死	胎儿自溶、水肿、出血，体腔积液；母猪发生胎盘炎、子宫内膜炎

（续表）

类别	伪狂犬病	细小病毒病	日本脑炎	布鲁氏杆菌病
病原	伪狂犬病病毒	细小病毒	日本脑炎病毒	布鲁氏杆菌
实验室诊断	荧光抗体、酶标抗体检测病毒，脑组织减产包涵体	分离病毒，测定抗体	分离病毒，接种小鼠，测定抗体	虎红平板凝集试验、镜检、分离细菌，检测抗体

（六）综合防控措施

1. 预防

在伪狂犬流行地区应使用猪伪狂犬病活疫苗或灭活疫苗进行免疫。农业部推荐的免疫程序如下：商品猪：55 日龄左右时进行一次免疫；种母猪：55 日龄左右时进行初免；初产母猪：配种前、怀孕母猪产前 4~6 周再进行一次免疫；种公猪：55 日龄左右时进行初免，以后每隔 6 个月进行一次免疫。

2. 治疗

本病尚无特效治疗药物，一旦发病，要彻底淘汰发病猪，对于健康猪，紧急注射疫苗免疫。

六、猪水疱性疹

猪水疱性疹（Vesicular exanthema of swine，VES）是由猪水疱性疹病毒引起的一种仅发生于猪的急性、热性传染病，其典型特征是猪的口鼻和蹄部发生水疱。该病死亡率较低，但其症状与口蹄疫、猪水疱病和水疱性口炎极为相似，很难区分。

（一）病原学

猪水疱性疹病毒属于嵌杯病毒科水疱疹病毒属，是一种 RNA 病毒。VESV 对外界环境的抵抗力较强。在室温下存活 6 周，污染有该病毒的肉屑在 7℃保存 4 周后仍有较强的感染力。其对乙醚、氯仿及 pH 值为 5 的环境稳定。若贮存在 - 70℃的条件下，则可保持感染力达 18 年之久。严重污染的猪舍，数月内仍有高度传染性。病毒可经 62℃，60 分钟或 64℃，30 分钟被灭活。用 2% 的火碱 15 分钟或 1% ~ 5% 的过氧乙酸溶液可杀灭病毒。

（二）流行特点

猪水疱性疹主要通过直接接触和污染物传播，主要是通过直接吃了或接触了被感染的饲料、饮水等被感染。不同地区的猪群发病率相差很大，以食用含海产品的生泔水猪多发。本病一年四季均能发病，但初冬和末冬最为常见。任何年龄和品种猪都易感发病，病的传播十分迅速，常在 2 ~ 3 天内使整个猪群感染，病猪迅速掉膘。

（三）临床症状

该病的潜伏期为 20 ~ 48 小时，感染猪体温首先突然升高到 41℃左右，出现高热稽留，与此同时，精神不振和食欲有所下降。发热后开始出现典型的临床症状：猪的唇、齿龈、舌、腭、鼻镜以及四肢的蹄冠、蹄踵和趾间、病猪的乳头等部位，首先表现充血，随后形成充满透明或橙黄色液体的水疱，有时小水疱相互融合变成较大的水疱。水疱经几天后自行破溃，渐渐干涸形成褐色干痂，经 7 ~ 10 天，干痂脱落，遗留轻微的疤痕。该病病程较短，口部病变愈合较快，但蹄部受环境影响可能继发细菌感染而引起持续几周的跛行。如果整个猪群都受到感染，有时可持续几星期到几个月。成年的猪死亡率很低，但哺乳仔猪死亡率升高。据报道，乳猪的死亡是由于鼻孔中形成的水疱窒息所致，或者由于母猪不泌乳而饿死。有时还可能并发严重的腹泻，感染母猪流产率上升，哺乳母猪泌乳下降，温和型感染可能完全不被觉察。

（四）病理变化

发病初期，病猪皮肤和黏膜出现小面积变白并且隆起的水疱，随着水疱的形成而扩散增大，水疱破裂部位发红、溃疡、糜烂。高出皮肤的水疱，充满透明液体，皮下组织充血、水肿，有时出血。在四肢的蹄部趾间和蹄冠及鼻镜处出现黄豆般大的小瘤，其内充满一些较澄清的液体，水疱破裂后，患处即呈轻度溃疡。胸腹部皮肤发绀，胸腹腔和心包积液，并含有少量纤维蛋白。心脏软而苍白，心肌可见明显心肌炎，心肌充血、水肿，心肌纤维变性、坏死以及淋巴细胞和巨噬细胞浸润。坏死心肌有无机盐沉着，形成钙化。心膜层的渗出液中有嗜酸性细胞浸润。肝脏和肺脏充血，轻度肿胀。脾褪色，轻度脑炎，可见点状神经元变性区，脑膜轻度充血。局部淋巴结充血、水肿，大量淋巴细胞变性、坏死。

（五）诊断

根据病猪突然高热稽留，后唇、齿龈、舌、腭、鼻镜以及四肢的蹄冠、蹄踵和趾间形成水疱，跛行，厌食等临床症状和病理变化，可初步诊断本病，确诊主要依靠实验室诊断。常用的实验室诊断方法有：病原学诊断、中和试验、酶联免疫吸附试验（ELISA）、补体结合试验、免疫荧光试验等。由于本病临床表现与口蹄疫、水疱性口炎及猪水疱病极为相似。因此，临床诊断本病时必须与口蹄疫、猪水疱性口炎及猪水疱病进行鉴别。详见猪口蹄疫。

（六）综合防控措施

1. 预防

保持圈舍干燥，禁止用泔水饲喂，禁止用污秽垃圾垫圈，禁止从疫区引进活猪及其产品，加强检疫。

2. 治疗

目前本病尚无有效的疫苗可用，一旦确诊，应及时上报疫情，并按照"早、快、严、小"的原则实行紧急隔离封锁，限制生猪、猪肉及其产品的移动。同时，要认真执行检疫、消毒、隔离措施。

七、猪流感

猪流感，是一种急性、高度接触传染性的呼吸道疾病。本病传播迅速，各年龄段和各品系的猪均易感，临床上以发病急促、咳嗽、呼吸困难、发热、衰竭、迅速康复为特征。目前造成世界流行的猪流感血清型主要为 H1N1、H1N2 和 H3N2。

（一）病原学

猪流感病毒，属于正黏病毒科，甲型流感病毒（A 型）。常为球形，直径 80～120 毫米，有囊膜，囊膜上有 3 种蛋白突起，分别为血凝素（HA）、神经氨酸酶（NA）和基质蛋白（M）。猪流感病毒的基因组为单股负链 RNA，由 8 个大小不等的独立片段组成，基因组约 13.6kb。目前已发现的猪流感病毒至少有 H1N1、H1N2、H1N7、H3N2、H3N6、H3N8、H4N6、H5N1 和 H9N2 9 种不同的血清亚型，广泛流行于猪群的主要是 H1N1 和 H3N2 亚型。我国猪群中的猪流感病毒以 H3 亚型为主，其次为 H1 亚型。

猪流感病毒能在鸡胚成纤维细胞、猪睾丸细胞、胎牛肾细胞、猴肾细胞中生长。猪流感病毒具有凝集红细胞的活性，其凝集谱广泛，可凝集鸡、驴、绵羊、兔、豚鼠、小鼠、大鼠和人 "O" 型红细胞。

猪流感病毒的稳定性不强，容易被灭活。病毒对日光、紫外线较为敏感，日光直射 41～48 小时可全部灭活。对热敏感，60℃ 条件下 20 分钟可灭活病毒。一般消毒剂对猪流感病毒都有灭活作用，如 2% 甲醛溶液，0.5% 过氧乙酸溶液等。对碘溶液、碘蒸气特别敏感。

（二）流行特点

猪流感常呈地方性流行，具有明显的季节性，多发于天气多变的早春、秋末和寒冷的冬季。病猪和带毒猪是本病的主要传染源，各个年龄、性别和品种的猪均易感，此外猪流感病毒还可以感染马、禽类和貂等，人也可感染该病。病毒主要存在于病猪的鼻汁、气管、支气管的渗出液和肺组织内，发病时鼻腔分泌物中含毒量最高，传染性最强。

（三）临床症状

本病流行迅速、病情急剧，潜伏期 12～48 小时，病程约为 1 周。病初体温突然升高，可达 40～42.5℃，厌食或食物废绝，全身皮肤潮红且精神高度萎靡，呼吸急促，咳嗽，气喘明显。随着病程发展，鼻孔流出黏液性分泌物，眼结膜潮红。粪便干燥，后期可发展为便秘。小便减少，尿液呈黄色。个别猪肌肉与关节疼痛、不愿站立，触及尖叫甚至出现全身震颤，后腿行走无力，严重的甚至跛行。如果病猪体况良好，且无其他疾病继发感染，一般都可耐过。

（四）病理变化

猪流感的病理变化主要表现在呼吸系统。剖检可见喉、气管和支气管的黏膜充血、肿胀，表面覆有红色、白色或乳白色泡沫状的黏性分泌物，胸腔、心包腔内蓄积大量纤维素性浆液。淋巴结表现为不同程度的肿大、充血、多汁，其中以肺门淋巴结尤为明显。肺脏病变最常发生于尖叶和心叶，与周围正常组织之间界线明显，病变区颜色由红至紫，塌陷，坚实，韧度较高。肝脏和脾脏轻度肿大。如有并发症或其他继发感染，其病理变化就会变得非常复杂。

（五）诊断

该病多发生于气温多变的早春、秋末和冬季，多呈爆发性、群发性，结合临床症状和病理剖检变化可做出初步诊断。

由于该病的临床症状与其他呼吸道疾病（例如猪支原体肺炎、猪传染性胸膜肺炎、猪繁殖与呼吸综合征等）非常相似，确诊往往需要进行实验室诊断。常用的实验室诊断方法参见《中华人民共和国农业行业标准 NY/SY574—2005》酶联免疫吸附试验（ELISA）和反转录聚合酶链反应（RT-PCR）试验。其他常用的实验室诊断方法有病毒分离、血凝/血凝抑制试验、免疫组织化学试验、免疫荧光法等。

（六）防控措施

1. 预防

此病应以预防为重点，日常改善养殖管理和补给营养需求，也可通过接种猪流感灭活全病毒疫苗进行预防。仔猪于 25 日龄至 30 日龄进行免疫，以避免母源抗体的干扰。每头份 2 毫升，2 次免疫间隔 3 周。种猪配种前或分娩前免疫，首次免疫每头份 2 毫升，2 次间隔 3 周，以后每年两次。

2. 治疗

及时隔离，对症治疗，使用抗生素或磺胺类药物，控制继发感染。

八、猪传染性胃肠炎

猪传染性胃肠炎是猪的一种急性、高度接触性肠道传染病。该病发病突然，传播迅速，给我国养猪业造成了严重的经济损失。世界动物卫生组织将其列为 B 类动物疫病，我国将其列为 Ⅲ 类动物疫病。

（一）病原学

传染性胃肠炎病毒属于冠状病毒科冠状病毒属，是一种多形性有囊膜的单股 RNA 病毒。病毒粒子多呈圆形或椭圆形，直径约为 80~120nm。只有一种血清型。病毒在冻存状态下很稳定，肠组织内病毒在 -20℃下保存 6~18 个月滴度无明显下降，粪尿中病毒粒子在 5℃下存放 8 周、20℃下 2 周和 35℃下 24 小时仍具有感染性。但病毒对光照和高温敏感，加热 65℃，10 分钟或 56℃，45 分钟即全部灭活。一般消毒剂均可杀灭病毒。

（二）流行特点

本病只侵害猪，其他动物对该病均无易感性，各种年龄的猪均有易感性，其中 10 日龄以内的仔猪最为敏感，发病率和死亡率都很高，有时高达100%；而断奶猪、育肥猪和成年猪的症状较轻，大多能自然康复。病猪和带毒猪是主要的传染源，主要经消化道、呼吸道传染给易感猪。该病具有明显季节性，冬季易发，夏季则很少发生。

（三）临床症状

本病的潜伏期较短，随感染猪年龄不同而有差异，一般为18小时至3天。传播速度很快，数日内可蔓延全群。临床特征为剧烈水样腹泻和呕吐。仔猪突然一过性呕吐后，可见频繁喷射状水样腹泻，粪便灰白、黄绿色，含有未消化的凝乳块，腥臭。病猪极度口渴，迅速脱水、消瘦、被毛粗乱。耐过仔猪因生长发育受阻而成僵猪。

仔猪、育肥猪和母猪临床症状轻重不一。大多数猪有呕吐，出现灰色、褐色水样腹泻，呈喷射状，5~8天腹泻停止而康复，极少死亡。泌乳母猪发病严重，表现高度体衰、体温升高、泌乳停止、呕吐、食欲不振和严重腹泻。

（四）病理变化

尸体消瘦、脱水明显，主要病变部位在胃和小肠。哺乳仔猪的胃常胀满，滞留有未消化的充满酸臭的白色凝乳块。仔猪约50%在胃横膈膜憩室部黏膜下有出血斑，胃底部黏膜充血或不同程度的出血。肠系膜充血，肠系膜淋巴结轻度或严重充血肿大。肠壁变薄而无弹性，肠管扩张呈半透明状，小肠内充满白色或黄绿色肠液以及未消化的凝乳块。

肠上皮细胞脱落最早发生于腹泻后2小时。将空肠纵向剪开，用生理盐水将肠内容物冲掉，在玻璃平皿内铺平，加入少量生理盐水，在低倍镜下观察，可见到空肠绒毛显著缩短、萎缩甚至脱落消失。

（五）诊断

根据发病具有的严格的季节性，短暂呕吐后继发频繁喷射状水样腹泻的症状，结合剖检病变可初步确诊该病。

实验室诊断可参考猪传染性胃肠炎诊断技术（NY/T 548—2002），通过血清学、组织学、显微镜观察等方法进一步确诊。

（六）综合防控措施

1. 预防

加强猪的饲养管理，保持猪舍内温度恒定和通风。加强兽医卫生和防疫消毒工作。严禁从疫区、疫场引猪。疫苗接种：妊娠母猪于产前 45 天、15 天分别注射传染性胃肠炎疫苗 1 头剂；或乳猪生后注射疫苗 1 头份。应用康复猪抗凝血或高免血清，每日口服 10毫升，连用 3 天。

2. 治疗

猪群发病后立即采取隔离、消毒措施。试用氟哌酸或盐酸吗啉片等药进行治疗。对脱水严重的病猪用 10% 葡萄糖盐水加适量抗菌素进行腹腔补液或口服补液盐水。

九、猪流行性腹泻

猪流行性腹泻是由猪流行性腹泻病毒引起的猪的一种高度接触性肠道传染病，以水样腹泻、呕吐、脱水和食欲下降为主要特征。在 1976 年，中国首次报道了该病。随后的 30 多年里，该病已经在我国的 20 多个省份暴发，给我国养猪业造成了巨大的损失。

（一）病原学

猪流行性腹泻病毒为套式病毒目、冠状病毒科、冠状病毒属的成员，是单股正链 RNA 病毒，基因组长约 28kb。在欧洲和其他很多地区的血清学调查证明，毒株只有 1 种血清型。病毒对外界抵抗力较弱，病毒在 60℃ 条件下 30 分钟，可失去感染力。常用的消毒剂有 2% 氢氧化钠或次氯酸钠、5% ~ 10% 漂白粉、5% ~ 10% 石灰乳消毒。

（二）流行特点

所有年龄猪都易感，6 月龄以前的猪常有 100% 的发病，成年猪发病率为 15%～80%；仔猪死亡率可达 50%。此病多发生在寒冷季节，呈地方性流行。病猪和带毒猪是主要传染源，感染途径主要是消化道。

（三）临床症状

该病的主要临床症状为水样腹泻，或者伴随呕吐。病猪症状与猪传染性胃肠炎较为相似，但程度较轻，传播稍慢。临床症状的轻重随年龄的大小而有差异，年龄越小，临床症状越重，1 周内新生仔猪常于腹泻后 2～3 天内因脱水而死亡，病死率可达50%。断奶猪和肥育猪以及母猪常呈现精神沉郁和厌食症状，持续腹泻 4～7 天，逐渐恢复正常。成年猪仅表现沉郁、厌食、呕吐等临床症状，如果护理得当，没有继发其他疾病，猪很少发生死亡。

（四）病理变化

小肠膨胀，充满淡黄色液体，肠壁变薄，个别小肠黏膜有出血点；肠系膜淋巴结水肿；胃内无内容物，或充满胆汁样的黄色液体。其他实质性器官无明显病理变化。

（五）诊断

本病在临床症状，流行病学和病理变化等方面均与传染性胃肠炎无明显差异，只是猪流行性腹泻死亡率较低，在猪群中传播的速度也较缓慢，确诊必须进行实验室诊断。

实验室诊断可参考猪流行性腹泻诊断技术（NY/T 544—2002），通过病毒分离与鉴定、直接荧光抗体法等进一步确诊。

（六）综合防控措施

1. 预防

主要加强饲养管理，搞好综合性防制工作。对妊娠母猪进行猪流行性腹泻单价疫苗或猪流行性腹泻和猪传染性胃肠炎双价疫苗进行免疫是目前有效预防本病的重要方法。

2. 治疗

对症治疗和加强护理可以减少猪的死亡。

十、猪轮状病毒病

猪轮状病毒病是由猪轮状病毒引起的急性肠道传染病，多发生于仔猪。轮状病毒不仅感染猪、牛、羊、禽等动物，同时还感染人。轮状病毒的持续存在，不仅严重威胁养殖业的发展，同时威胁到肉食品和人类的安全，成为人们关注和研究的焦点。

（一）病原学

轮状病毒属于呼肠孤病毒科轮状病毒属。由 11 个双股 RNA 片段组成，呈车轮状外观，是一种无囊膜病毒，病毒粒子直径在 70nm 左右。病毒粒子表面光滑，外壳似车轮而得名。目前已报道了 7 个抗原性存在差异的血清群（A～G）。该病毒在环境中相当稳定，对温度、日光、干燥、pH 值、化学物质和常用消毒剂有耐受性。在 4℃下能保持完整形态，63℃条件下 30 分钟能使其失活，轮状病毒的感染力在 pH 值 3.0～9.0 时最稳定。18～20℃条件下，该病毒在粪便中可存活 7～9 个月。反复冻融可使轮状病毒的感染力和凝集红细胞特性丧失。0.01% 碘酊，1% 次氯酸钠和 70% 酒精可杀灭病毒。

（二）流行特点

猪的轮状病毒感染具有明显的季节性，主要发生在寒冷的晚秋、冬季以及早春。主要经消化道感染，病猪排出粪便污染饲料、饮水和各种用具，可成为本病的传染因素。不同周龄的猪均可感染，以8周龄以内的仔猪最为严重，感染率可达90%～100%。

（三）临床症状

本病的严重程度，取决于仔猪日龄和环境状况，1～5日龄仔猪发病最严重，潜伏期12～24小时，病初表现精神沉郁、食欲减退、不愿活动，经常发生呕吐，随后发生严重腹泻，呈水样或糊状，粪便颜色有黄白色、灰色或暗黑色，死亡率随年龄的增大而降低。当外界温度下降，继发感染大肠杆菌时，能使病情加重和死亡率增加。

（四）病理变化

特征性病变主要局限在消化道。胃壁弛缓、扩张、膨大，充满凝乳块和乳汁；肠道臌气，肠内容物呈棕黄色水样液及黄色凝乳样物质，肠壁薄、半透明。有时见小肠发生弥漫性出血，肠内容物淡红色或灰黑色。盲肠和结肠也因含类似内容物而肿大；肠系膜淋巴结肿大，胆囊肿大。其他器官偶见不同程度的变性变化。

（五）诊断

依据流行特点、临床症状和病理变化可做出初步诊断，但是引起腹泻的原因很多，在病例中，往往发现有轮状病毒与冠状病毒或大肠杆菌的混合感染，使诊断复杂化。因此，确诊需要进行实验室检查。

实验室检测可参考猪轮状病毒的检测技术（DB32/T 1770—2011A），通过RT-PCR方法进一步确诊。

（六）综合防控措施

1. 预防

加强饲养管理，增强猪只抵抗力，在流行地区注射轮状病毒油佐剂苗进行预防，一般怀孕母猪临产前30天，肌肉注射2毫升；

仔猪于 7 日龄和 21 日龄各注射 1 次，注射部位在后海穴（尾根和肛门之间凹窝处）皮下，每次每头注射 0.5 毫升。弱毒苗于临产前 5 周和 2 周分别肌肉注射 1 次，每次每头 1 毫升。

2. 治疗

该病没有特效药，一旦发病，应采取消炎、止泻、补液、防脱水等对症治疗措施。

十一、猪细小病毒病

猪细小病毒病是由猪细小病毒引起的猪繁殖障碍性疾病之一，在世界范围内广泛传播和流行，给养猪业带来了巨大的经济损失。

（一）病原学

猪细小病毒是细小病毒科，细小病毒亚科中的细小病毒属的成员。病毒粒子呈六角形或圆形，无囊膜。基因组全长约 5.0kb，为单股负链 DNA。该病毒对热、消毒药和酸碱的抵抗力均很强。56℃作用 48 小时或 72℃作用 2 小时后病毒仍具有感染性，80℃作用 5 分钟以上可使病毒丧失感染力。在 pH 值 3~9 比较稳定。2% 的火碱 5 分钟可杀死病毒。病毒在被污染的猪舍内可生存数月之久，一旦发生该病，猪场可能会连续多年出现母猪繁殖障碍。

（二）流行特点

一般呈地方性流行或散发，发病季节集中在春、秋产仔季节。病猪和带毒猪是主要传染源。健康猪通过消化道、呼吸道、生殖道均可以水平感染和经胎盘垂直感染。

（三）临床症状

仔猪和母猪的急性感染通常表现为亚临床症状，母猪在不同孕期感染，可造成不同症状：母猪怀孕早期感染，主要出现返情、屡配不孕，产仔数明显减少；在怀孕中、后期感染时，主要表现为流产，产死胎、弱仔、木乃伊胎等。本病还可引起个别母猪体温升高，后躯不灵活；对公猪的精子活力和性欲没有明显影响。

（四）病理变化

胎盘不同程度钙化，特征性变化在胎儿。受感染的胎儿出现不同程度的发育不良，出现木乃伊、畸形、溶解的腐黑胎儿；大多数死胎、死仔或弱仔可见充血、水肿、出血、体腔积液、脱水（木乃伊化）及坏死等病变；肝、脾、肾有时肿大、质地较脆或萎缩；弱仔生后半小时先在耳尖，后在颈、胸、腹部及四肢上端内侧出现瘀血、出血斑，半天内皮肤变紫而死亡。

（五）诊断

可根据流行病学、临床症状和病理变化做出初步诊断。一般认为，初次妊娠母猪发生流产、产死胎、木乃伊胎、胎儿发育异常而母猪没有临床症状，且具有传染性时就应该考虑到猪细小病毒感染的可能性，进一步确诊须进行实验室检测。

实验室检测可参考猪细小病毒病诊断技术规程（NY/SY152—2000），通过乳胶凝集试验进一步确诊。

（六）综合防控措施

1. 预防

以疫苗预防为主，后备种猪要在配种前 20 天以前肌肉注射猪细小病毒灭活疫苗 2 毫升，7 天后再注射 2 毫升，15 天后方可配种。经产母猪应在产后 15 天进行，每年接种 2 次，连续 3 年即可；种公猪每年春、秋两季分别进行；对于曾发生过猪细小病毒病的猪，大多数猪感染后获得免疫力，体内已产生持续时间长、滴度较高的抗体，可以获得良好的保护，则不需再接种。除此之外，还应加强环境卫生消毒，用 0.5% 漂白粉或 1% 烧碱可杀灭病原体。

2. 治疗

目前尚无特效药，只能采取对症治疗措施。流产后若发生产道感染，可肌内注射青霉素 160 万 ~240 万单位、链霉素 100 万单位，每天两次，连用 3 天。

十二、日本脑炎

日本脑炎，是由日本脑炎病毒引起的一种人兽共患急性传染病。我国将其列为 II 类动物传染病。人与多种动物均能感染，猪是日本脑炎病毒在自然界中最重要的易感动物，感染后可引发猪的繁殖障碍，给养猪业造成了重大经济损失。

（一）病原学

日本脑炎病毒属于黄病毒科、黄病毒属。病毒粒子呈球形，直径约 30～40nm，为单股 RNA 病毒，有囊膜，抗原性较稳定。病毒对外界的抵抗力不强，50℃条件下 30 分钟即可灭活。在低温条件下存活时间较长，-20℃可保存 1 年，但是毒力降低；-70℃低温或冻干状态可保存数年。50% 的甘油生理盐水中 4℃可存活 6 个月以上。病毒保存的最佳 pH 值为 7.5～8.5，在 pH 值 7 以下或者 pH 值 10 以上活性迅速下降。该病毒对化学药物敏感，常用的消毒药对其都有良好的抑制和杀灭作用（如 2% 的火碱、0.5% 的过氧乙酸等）。

猪的日本乙型脑炎病毒具有凝血活性，能够凝集鸡、鸽、鸭、羊等多种动物的红细胞。

（二）流行特点

带毒动物和人均可成为该病的传染源，各种品种、年龄、性别的猪均易感该病。由于日本脑炎主要通过蚊虫叮咬而传播，所以该病主要在夏季至初秋（7—9 月）流行，尤其在我国潮湿多雨的南方地区最易发生。猪是日本脑炎病毒的最重要的自然增殖动物，病毒通常在蚊—猪—蚊等动物间循环传播。

（三）临床症状

猪突然发病，体温升高至 40.0～41.0℃，呈稽留热，食欲减退，精神沉郁，口渴，结膜潮红，肠音减弱，喜卧，嗜睡。心跳加快，呼吸轻微紧促，咳嗽，粪便呈干球状，表面附有灰白色黏液，尿呈深黄色。个别猪后肢关节肿大，麻痹，行走不稳。妊娠母猪症状轻微，在流产前仅表现轻度减食或发烧，一般不被人所注意，常突然发生流产。其中，初产母猪最为严重，多表现流产、早产，或产出死胎、木乃伊胎及弱仔。流产多发生于妊娠后期，流产后症状很快减轻，体温、食欲逐渐恢复正常。少数母猪恶露不净、胎衣不下。部分存活仔猪虽然外表正常，但体质衰弱不能站立，不会吮乳。有的出生后出现神经症状，全身痉挛，倒地不起，1~2天死亡。幸存者生长发育不整齐，大小不一，弱仔居多。

公猪除具有上述一般症状外，突出表现是睾丸炎。常见一侧或两侧睾丸明显肿大，较正常睾丸肿大0.5~1倍。患睾皮肤发红、肿胀，阴囊皱褶消失，发亮，触摸发热，有痛感。2~3天后肿胀消退或恢复正常，睾丸变硬或丧失功能。

（四）病理变化

病死猪的病理变化主要集中在中枢神经系统的脑、脊髓部位。脑水肿，脑膜充血，个别可见大小不等的出血点。颅腔和脑室内脑脊液增多。脑组织软化，脑回变浅。脊髓充血，脊髓膜水肿，点状出血。

流产胎儿皮下水肿，胸腔和腹腔积液，肌肉似熟肉样。淋巴结充血，肝脏、脾脏和肾脏等器官可见有坏死灶，部分胎儿大脑和小脑发育不全。

流产母猪子宫黏膜增厚、充血、水肿、糜烂，附有黏稠的分泌物，刮去后可见少量的出血点，黏膜下层和肌层水肿，胎盘水肿或见出血。

公猪睾丸不同程度肿大，睾丸实质充血、出血。切面可见大小不等的黄色坏死灶，周边出血。鞘膜腔内潴留有大量黄褐色不透明液体。慢性病例睾丸萎缩、硬化，睾丸与阴囊粘连，实质大部分结缔组织化。

（五）诊断

根据流行病学和临床症状可作出初步诊断。本病具有明显的季节性，常发生流产、死胎、木乃伊胎；公猪睾丸多为一侧肿胀等。常用的实验室诊断方法参见《中华人民共和国农业行业标准（NY/SY536—2005)》乳胶凝集试验和反转录聚合酶链反应（RT—PCR）试验，其他方法有血凝及血凝抑制试验、中和试验、荧光抗体技术等。

鉴别诊断：猪日本脑炎在临床上与猪伪狂犬病、猪细小病毒感染和猪布氏杆菌病相似，但这 3 种病各有与猪日本脑炎相鉴别的要点。详细鉴别诊断参看猪伪狂犬病。

（六）综合防控措施

1. 预防

预防本病的关键是消灭传播媒介——蚊子，除此之外，还可在蚊子出现前 1～2 个月注射猪日本乙型脑炎弱毒疫苗两次，其间隔 2～3 周。阳性猪场的后备母猪、种公猪，可在配种前 20～30 天加强免疫 1 次。

2. 治疗

本病目前没有特效的治疗药物，防治猪乙型脑炎主要依靠以注射疫苗为主的综合性防控措施来控制。

十三、猪传染性脑脊髓炎

猪传染性脑脊髓炎，是由猪脑脊髓炎病毒引起的侵害中枢神经系统的一种传染病，该病以感觉过敏、震颤、麻痹、瘫痪和惊厥为特征。猪是传染性脑脊髓炎病毒的唯一自然宿主，常可导致哺乳仔猪死亡。

（一）病原学

猪传染性脑脊髓炎病毒（PEV）属于小核糖核酸病毒科肠道病

毒属。病毒为圆形，直径约 25～30nm，无囊膜，为单股 RNA 病毒。

病毒对 pH 值适应范围较广，4℃条件下 pH 值为 3.0～9.0 时可存活 24 小时；对热较敏感，60℃条件下 20 分钟即可杀灭病毒；对干燥的抵抗力较强，干燥或腐败条件下，病毒可存活 3 周以上；粪尿中的病毒在冬、春比较寒冷的季节可存活 25 天以上。病毒对紫外线和大多数消毒剂均敏感，次氯酸钠、火碱、氯制剂、碘制剂等对其杀灭效果较好。

（二）流行特点

猪是传染性脑脊髓炎病毒的唯一宿主，病猪和带毒猪为该病的主要传染源，不同年龄、性别、品种的猪都可感染，但幼龄猪往往比成年猪更易感染。本病通过直接或间接接触感染，消化道是主要的感染途径。

（三）临床症状

病猪体温升高，可达 41～42℃，精神萎靡，食欲减退或废绝，前、后肢瘫软，多呈犬坐式。随着病情的发展，会出现脑炎症状，如四肢僵硬、不能站立、眼珠震颤、抽搐甚至出现惊厥。受到刺激时会出现角弓反张。病猪一般在出现症状后 3～4 天死亡。个别病例会拖延数月或不死，但常会留下肌肉萎缩和麻痹的后遗症。若由毒力较低的毒株感染，症状多较为轻微，发病率和死亡率均较低。

（四）病理变化

病猪剖检可见脑膜水肿，脑膜和脑血管充血，心肌和骨骼肌稍有萎缩。其他脏器无肉眼可见变化。该病毒主要侵害颈部脊髓、胸、腰和尾部脊髓。

（五）诊断

根据流行病学、临床症状及中枢神经系统的病理变化即可作出初步诊断，但要最终确诊必须进行实验室检查。常用的实验室诊断方法有病毒分离、中和试验及免疫荧光试验。

（六）综合防控措施

1. 预防

对疫区、对全部易感染猪注射猪传染性脑脊髓炎弱毒疫苗或猪传染性脑脊髓灭活疫苗，注射 2～3 次，间隔 10～14 天，免疫期 6 个月以上，保护率在 80% 以上。

2. 治疗

因为本病发展迅速，在无此病史发生的地区，最好采取扑杀措施。

十四、猪腺病毒感染

猪腺病毒感染是由猪腺病毒引起的仅发生于猪的一种传染病。该病毒分布广、感染率高，一般多隐性感染，当猪免疫力低下时，可引起下痢、脑炎、肺炎等。

（一）病原学

猪腺病毒是腺病毒科哺乳动物腺病毒属的成员。该病毒粒子似球形，直径为 70～80nm，无囊膜，病毒进入体内首先在扁桃体和小肠的后段复制，继之扩散到脑、肺、心、肝、肾和脾等脏器。猪腺病毒比较容易培养，可在猪肾细胞、猪胚肺、猪胚睾丸、兔肾等原代细胞培养繁殖，也可在稳定的 PK-15 细胞系中复制，并产生腺病毒特征性的细胞病变。

腺病毒对酸的抵抗力较强，能耐 pH 值 3～5，pH 值在 2 以下和 10 以上不稳定，适宜 pH 值为 6～9，故能通过胃肠道而继续保持活性，许多腺病毒就是从猪的粪便中分离获得的。病毒在 50℃ 经 10～20 分钟或 56℃ 经 2.5～5 分钟灭活。于 4℃ 存活 70 天，22～23℃ 存活 14 天，36℃ 存活 7 天。

（二）流行特点

猪腺病毒的自然宿主只局限于猪，各品种、性别、年龄的猪均可感染，其中没有母源抗体保护的仔猪和刚断奶的仔猪最为易感，哺乳仔猪受母源抗体保护较少发病。该病无季节性，但应激因素、混合感染等可使病情加剧，感染途径以消化道感染为主，另外通过呼吸道吸入传染性的气溶胶而感染。

（三）临床症状

人工感染的仔猪潜伏期为 3～4 天。仔猪通常都有肠炎症状，精神欠佳、厌食、弓腰，排软便，肛周和跗关节有粪污，腹泻程度个体间差异很大，腹泻持续时间长短不一，有时呕吐。呼吸症状轻微。有时运动共济失调，肌肉颤抖，经常卧地不起，生长迟缓，极少死亡，多数可以耐过。人工接种 2 型或 3 型猪腺病毒也不出现临床症状，但将 1 型猪腺病毒进行人工接种经常可以引起临床发病，子宫内接种可引起母猪流产。对无菌猪经鼻接种 4 型猪腺病毒可引起间质性肺炎。

（四）病理变化

有关猪腺病毒感染猪病变的描述主要是基于试验性人工感染猪病变所见。肾脏眼观病变有出血点或瘀血斑，肠系膜淋巴结肿大，切面外翻且多汁。大小肠有肠炎变化，内容物为黄稀便，空肠后段和回肠绒毛发育不良。

肠绒毛上皮细胞内含有包涵体。一般肺、肾、肠组织切面染色看到核内包涵体则表明可能系猪腺病毒感染。感染仔猪组织学观察，见肺泡间质细胞增生性间质性肺炎，其中白细胞、浆细胞和组织在间质内浸润，所以肺泡隔膜显著增厚为其特征。肾小管营养不良并萎缩，毛细血管扩张。脑组织内常见神经胶质细胞灶状积聚和脑血管周围形成淋巴细胞为主的管套现象为特征的脑膜炎病变。

（五）诊断

猪腺病毒感染的诊断依赖于免疫荧光或免疫过氧化物酶染色检测病毒抗原，或进行病毒分离鉴定。病毒学诊断可将含毒材料接种细胞培养物，有些毒株需盲传几代才能产生细胞病理变化。

（六）综合防控措施

1. 预防

目前，腺病毒疫苗已被成功地用于其他动物，但是目前市场上尚未有猪用腺病毒疫苗，相关免疫信息也较少。对该病主要应从加强平时的饲养管理和防止继发感染入手，坚持自繁自养，尽量不要从外界引种，如须引种，引种前要进行严格检疫；做好猪舍和用具的卫生消毒工作，经常使用高压水清洗，每周用2%的火碱溶液对厂区环境进行1～2次消毒。对高床、垫板、网架、栏杆、地面墙壁和其他设备用1∶500稀释的消毒威自上而下进行喷洒消毒，每平方米用量约300毫升。

2. 治疗

本病无特异性治疗和预防方法。主要靠加强饲养管理，增强机体抵抗力以及定期对猪舍、食槽、用具、环境进行严格消毒等兽医防疫措施来防制本病。

十五、非洲猪瘟

非洲猪瘟是由非洲猪瘟病毒引起猪的一种急性、热性、高度传染性疾病以全身出血、呼吸障碍和神经症状为主要特征，发病率和死亡率几乎达100%，对养猪业危害甚大，被世界动物卫生组织列为必须报告的动物疫病之一，我国将其列为一类动物疫病。近年来，非洲猪瘟病毒疫情不断向非洲以外的欧洲、美洲国家蔓延，虽然目前我国尚无非洲猪瘟疫情，但随着经济全球化的发展，非洲猪瘟对我国的潜在威胁也越来越大。因此，充分了解该病的流行病学情况及相应的诊断技术有利于提高我国对非洲猪瘟等外来病的综合防控能力。

（一）病原学

1995 年，国际病毒分类委员会将非洲猪瘟病毒单列为一个独立的非洲猪瘟病毒科，目前，非洲猪瘟病毒在病毒学分类中为双链DNA 病毒目、非洲猪瘟病毒科、非洲猪瘟病毒属。非洲猪瘟病毒颗粒有囊膜，基因组为单分子线状双股 DNA，长度在 170~190kb，核衣壳蛋白呈 20 面体对称结构，直径 180nm。非洲猪瘟病毒对环境的抵抗力较强，耐酸碱，在 pH 值 1.9~13.4 的条件下时可存活2 小时以上；对热的抵抗力不强，60℃ 20 分钟即可将其灭活。对低温的耐受力较强，4℃保存时可存活 18 个月；非洲猪瘟病毒对蛋白水解酶具有一定的抵抗体，对乙醚及氯仿等脂溶剂敏感。1% 的甲醛中 6 天，2% 的氢氧化钠中 42 小时，洛戈氏液中 10 分钟，病毒可被灭活。

（二）流行特点

猪的自然感染主要通过呼吸道和消化道途径，病死猪和感染带毒猪为该病的主要传染源，病毒在短距离内可经空气传播，污染的饲料、泔水、圈舍、车辆、器具等均可间接传播本病。在病猪的所有组织中均可检出病毒，但以脾脏、淋巴结中含量最多，患慢性病的带毒猪可终身带毒。非洲猪瘟传入非疫区主要归咎于猪肉及其产品的非法运输及泔水饲喂。目前尚未见非洲猪瘟病毒感染反刍动物、犬、猫、小白鼠、豚鼠和禽类动物的报道。

（三）临床症状

非洲猪瘟病毒各毒株的毒力不同，可引起急性、亚急性和慢性病理过程。自然感染潜伏期为 5~9 天，往往更短，临床试验感染则为 2~5 天，发病时体温升高至 41℃，约持续 4 天，直到死前 48小时，体温下降为其特征，同时临床症状直到体温下降才显示出来，故与猪瘟症状出现在体温升高时不同。病猪往往突发高热，随后体温下降，食欲减弱，精神沉郁，后肢无力，拥挤在一隅，不愿意活动。有些感染猪脉搏加快，呼吸困难，形成浆液性或黏脓性鼻漏和眼分泌物。有些毒株会引起下痢，有时呈血痢，或顽固性腹泻。发热后第 7 天死亡，或症状出现后 1~2 天便死亡。

（四）病理变化

与猪瘟极其相似，但病变更为严重。主要损害脾脏、淋巴结、心和肾脏等。脾脏肿大 2~3 倍，质脆，呈深紫黑色，并伴有暗红色栓塞。淋巴结肿大、出血，切面呈大理石状。心包积聚大量浆液性液体，心包下及心内膜充血。肾脏皮质、肾盂切面有出血点。直肠壁深处、心包和肾脏有弥漫性出血现象。结肠黏膜严重充血，肺部呈现水肿和充血。脾和淋巴结的淋巴细胞坏死。脑组织中可见血管套。

（五）诊断

由于非洲猪瘟与猪瘟等其他出血性疾病很难区别，通过临床诊断鉴别猪瘟和非洲猪瘟比较困难，确诊必须依靠实验室方法。目前实验室快速检测方法主要有免疫酶技术、细胞接种、动物接种试验、细胞吸附试验、补体结合试验、血清学试验、聚合酶链式反应等。

（六）综合防控措施

非洲猪瘟是破坏性较大的猪病。到目前为止，还没有有效的疫苗和药物用于控制非洲猪瘟，只能通过检疫来防止本病的传播。虽然非洲猪瘟在我国尚未发现，但是从西非至东非、欧洲、亚洲的传播趋势已然形成，其传入我国的风险在不断地加大。对此，我国应做好非洲猪瘟防控的应对工作，充分了解其传播模式及影响因素，加强对该病的防控及诊断技术研发，加强生物安全措施的落实，加强对海、陆、空运渠道的入境检疫，防止本病传入。

十六、猪巨细胞病毒感染症

猪巨细胞病毒感染症广泛分布于世界各地，可引起猪群中胎儿和仔猪死亡、仔猪鼻炎、肺炎以及生长发育不良、增重缓慢等临床症状，成年猪多为隐性感染。

（一）病原学

猪巨细胞病毒是双股 DNA 病毒，属于疱疹病毒科，疱疹病毒乙亚科。该病毒在 −80℃ 可保存 1 年以上。在 37℃ 条件下 24 小时或 56℃ 条件下 30 分钟则可完全被灭活。目前，还没有发现针对该病毒的特效消毒剂。

（二）流行特点

巨细胞病毒在体内和体外对宿主的选择有特异性，只感染猪，其中 1～3 周龄的仔猪最为易感。病猪和带毒猪是该病的主要传染源。最常见的传播途径是呼吸道和生殖泌尿道。本病呈地方性流行，环境和营养状况不良可诱发该病的发生。

（三）临床症状

该病的潜伏期为 2～10 天，临床症状与猪的年龄和生理状态有很大差异，感染率为 12%～90%，死亡率最高时达 25%。

仔猪该病常发生于 1～3 周龄的仔猪，发病程度与从初乳中获得母源性抗体的多少有很大关系。有些刚分娩的仔猪未见有临床症状即死亡，有些弱仔贫血、皮肤或黏膜苍白、下颚和跗关节周围发生不同程度的水肿，生长和发育不良。5～10 日龄仔猪感染后，呈现急性经过，其主要症状是呼吸道症状，如喷嚏、咳嗽、流泪、鼻分泌物增多，继之出现鼻塞、吮乳困难，体重很快减轻。其他耐过的仔猪表现为增重变慢、生长发育不良，并有可能持续排毒成为僵猪。3 周龄以上的猪发病率与死亡率都很低，表现为亚临床型。

妊娠母猪感染后常常会嗜眠、食欲不振。妊娠后期的母猪首次感染时，则会引起死胎、木乃伊胎、弱胎和不育等繁殖障碍。

初次感染的成年猪体温不升高，无临床异常，但在病毒血症阶段会出现嗜眠、食欲不振，并产生全身性感染的损害，康复后常成为隐性感染，长期带毒。

（四）病理变化

3月龄内感染的仔猪主要剖检病变在上呼吸道，鼻黏膜表面附有卡他性、脓性分泌物，深部黏膜因细胞聚集而形成灰白色小病灶。肺间质水肿，肺小叶间隔因渗出液充盈而增宽，尖叶和心叶有肺炎病灶，肺叶的腹侧端呈紫色实变。心包和胸膜积水。肾水肿，有广泛性瘀血点，发紫。喉和跗关节的周围皮下明显水肿。颌下、耳下淋巴结肿胀有出血点。

（五）诊断

本病主要根据血清学试验、荧光抗体试验结果以及组织中有无包涵体进行诊断。

本病可能与萎缩性鼻炎相混淆，猪巨细胞感染仅发生在新生仔猪当中。而仔猪如果表现打喷嚏症状，首先应该考虑萎缩性鼻炎。鼻炎是鼻腔内细嫩组织的炎症，灰尘、气体、细菌、病毒等都会引起鼻炎。如果有产毒素多杀性巴氏杆菌存在，会导致进行性鼻炎，并造成组织变形或萎缩，这种情况就比较严重。可用棉签对打喷嚏的仔猪作鼻腔涂样，检查是否有巴氏杆菌存在。

（六）综合防控措施

1. 预防

该病尚无疫苗，平时应加强饲养管理，注意通风换气和防暑防寒，减少降低猪群抗病能力的因素。

2. 治疗

可投用抗生素，如：金霉素、土霉素、磺胺三甲氧苄氨嘧啶或泰乐菌素，连续用药14天。

十七、猪痘

猪痘是一种急性、热性病毒性传染病，临床表现为皮肤或黏膜发生特殊的丘疹和结痂。在猪舍卫生条件差、营养状况不良的情况下，该病发病率则会较高。但该病死亡率不高，很容易被人们忽视。

（一）病原学

猪痘病毒是猪痘病毒属的唯一成员。成熟的病毒粒子呈砖形，为双股 DNA 病毒，大小为 146kb。猪痘病毒对直射阳光、紫外线、高温、强碱均敏感，但对干燥有一定的抵抗力。在正常条件下的土壤中可存活几周，在干燥的痂皮中病毒可存活几个月。对常用的消毒药都敏感，3% 的石炭酸，0.01% 的碘溶液，1%～3% 的火碱和 70% 的酒精 10 分钟可杀灭病毒。

（二）流行特点

猪是猪痘病毒的唯一易感动物，各种年龄段的猪均可发病，以 4～6 周龄的哺乳仔猪最为多见，成年猪很少见。猪痘病毒一般不能由病猪直接传染给其他猪，主要通过猪血虱、蚊、蝇等体外寄生虫间接传播。该病一年四季均可发生，多见于春秋阴雨寒冷季节。

（三）临床症状

此病潜伏期 4～7 天，初期体温骤升到 41℃ 以上，食欲不振，精神萎靡，伴有结膜炎、咳嗽、流鼻液等症状，随即出现典型的痘疹，随后结成暗棕色痂块，最后脱痂而愈。多发生于病猪皮薄毛少的部位，即鼻吻、眼睑、腹部、四肢内侧。部分在全身体表皮肤上，口鼻黏膜上也可出现。

病程 10～15 天，猪痘一般没有明显的水泡和脓疮过程。发痘过程中，病猪由于瘙痒，常在猪圈、墙壁、护栏等处摩擦，致使皮肤流出脓性出血性液体。破损部位，黏附泥土、垫草，导致皮肤变厚，形成褶皱。此病多数为良性经过，死亡率较低，个别猪没有典型的发痘症状，轻微感染后即可痊愈。极少数病例，不仅全身出痘，而且可在口鼻、咽喉等处，甚至剖检肺部出现水疱和溃烂，诱发猪只严重不食、体质虚弱、严重腹泻并伴有肺炎等症状。

（四）病理变化

猪痘主要发生于鼻镜、鼻孔、唇、齿根、颊部、乳头、齿板、腹下、腹侧和四肢内侧的皮肤等处，也可发生在背部皮肤，死亡猪的咽、口腔、胃和气管常发生疱疹。该病主要引起体表皮肤损伤，发病初期剖检可见腹股沟淋巴结肿大，上皮增生形成丘疹。病灶随着初期的充血、淋巴肿胀以及上皮增生而形成丘疹，增生的组织深入内层，坏死上皮层最后发展成为光滑的棕黄色痂块，痂块的形成和上皮的再生是相当迅速的。

（五）诊断

根据流行病学、临床症状及病理变化，不难对该病作出判断。该病可见皮肤痘疹，病情严重的或伴有并发症，可在气管、肺、肠管处发现痘疹。取病变部位痂皮镜检无疥癣虫，对死亡的小猪解剖时，在咽喉处及胃部有痘疹，还有较明显的胃肠炎病变，取病变部组织进行镜检，可见棘细胞肿胀或溶解，胞核染色质溶解可见核空泡，综合这几点即可确诊。

（六）综合防控措施

1. 预防

目前尚无疫苗免疫，且该病的发生与潮湿污秽的环境及猪的营养状况有关，平时应注意畜舍卫生，定期驱虫，以切断传播途径，阻止该病的传播。

2. 治疗

可用黄芪多糖等抗病毒药物注射，用清热解毒的中药如板蓝根、黄芩、黄柏等拌料饲喂。溃烂的地方用紫药水、红霉素软膏涂布。

·细菌病·

一、猪丹毒

猪丹毒是由猪丹毒杆菌引起的一种急性、热性传染病，临床主要表现为急性败血型、亚急性疹块型、慢性多发性关节炎型以及心内膜型。该病流行于世界各地，给养猪业造成了较大的经济损失。

（一）病原学

本病的病原体为猪丹毒杆菌，为革兰氏阳性杆菌。不运动，无芽孢，无荚膜。血涂片成单个、成对或小丛状，心脏瓣膜疣状物中的细菌呈不分枝长丝状或中等长度的链状。

一般化学消毒药对丹毒杆菌有较强的杀伤力。例如，1%～2%火碱、5%石灰乳、1%漂白粉，5～15分钟便杀死该菌。该菌耐酸性较强，猪胃内的酸度不能将其杀死，因此可通过胃而进入肠道。猪丹毒杆菌在体外对磺胺类药物无敏感性，对抗生素中的青霉素极为敏感。

（二）流行特点

主要发生于2～6个月龄的架子猪，呈散发、地方性流行或爆发流行，一年四季都可发生，以夏季多雨季节流行最盛。主要通过猪与猪之间直接接触或通过短距离的飞沫传播。

（三）临床症状

猪丹毒的临床症状与细菌的毒力、猪的抵抗力、免疫状态和自然感染的方式以及应激因素有关，通常可分为最急性型、急性败血型、亚急性疹块型和慢性型。我国流行的猪丹毒主要为急性败血型和亚急性疹块型。

急性败血型：病猪精神高度沉郁，食欲不振，体温高达 40 ~ 42℃，稽留不退，虚弱，不愿走动，有时恶心、呕吐，粪便干硬，附有黏液，随着病情的发展，病猪出现腹泻，有时稀粪带血，尤以小猪最为明显。站立时背腰呈弓形，皮肤上出现大小不等的红斑，指压斑块易褪色，立即又恢复红色。病程为 4 ~ 9 天，如果未及时治疗，病死率达 80% 以上。哺乳仔猪和断乳仔猪发生猪丹毒时，多突然发病，出现神经症状，抽搐倒地而死，病程多为 1 天左右。

亚急性疹块型：以皮肤上出现疹块为特征，在背、胸、颈、腹侧及四肢的皮肤上，出现大小不等的疹块，多呈方形、菱形、圆形或不规则形，或融合连成一大片，初期指压褪色，后期瘀血、蓝紫色、指压不褪色。疹块出现 1 ~ 2 天后，体温下降，病情好转，该型病程约为 10 ~ 12 天，死亡率较低。

（四）病理变化

肾脏瘀血肿大，呈暗红色，"大红肾"之称，切面皮质可见针尖状出血点；胃底及幽门部黏膜弥漫性出血，小肠、十二指肠、回肠黏膜上有小出血点；脾脏高度肿大呈樱桃红色或紫红色，质松软，包膜紧张，边缘纯圆，切面外翻，小梁和滤胞的白髓萎缩、结构模糊；心包积水，心内外膜有出血点；肝脏充血、红棕色，肺脏充血肿大；全身淋巴结肿大，切面呈灰白色。

亚急性疹块型：亚急性疹块型具有急性型的一般变化，但程度较轻，其特征是皮肤上出现红斑或疹块，多见于颈部、背部、后躯直至尾根部皮肤表面。疹块形状多呈方形、菱形、圆形或不规则形，略隆起于周围正常的皮肤表面，初期指压褪色，后期瘀血，指压不褪色。病情严重时，可发生皮肤坏死，形成黑色、干硬的痂皮。

慢性型：慢性型的特征是，房室瓣常有疣状心内膜炎，瓣膜上有增生物呈菜花样（俗称菜花心）。

（五）诊断

根据流行病学、临床症状及剖检变化可做出初步诊断。当临床表现体温升高、皮肤上有红斑和疹块、指压褪色时便可进行初步诊断，确诊需进行实验室检查，可参照猪丹毒杆菌的检验规程（DB34/T 2404—2015）和猪丹毒诊断技术（NY/T 566—2002）执行。常用的实验室检查方法有：直接涂片镜检法、分离培养法、动物试验、全血平板凝集试验、补体结合反应、免疫荧光检测技术、酶联免疫吸附试验（ELISA）及PCR检测等。

（六）综合防控措施

1. 预防

种公、母猪每年春秋两次进行猪丹毒氢氧化铝甲醛苗免疫。育肥猪60日龄时进行1次猪丹毒氢氧化铝甲醛苗或猪三联苗（猪瘟、猪丹毒、猪肺疫三联苗）免疫1次即可。

2. 治疗

一般选用青霉素和链霉素注射。青霉素按每千克体重2万~3万IU肌肉注射，每天3次，连续2~3天。体温恢复正常症状好转后，再继续注射2~3次。对严重病例在应用青霉素和抗血清治疗的同时，可用5%葡萄糖加维生素C或右旋糖酐以及地塞米松静脉注射。

二、猪肺疫

猪肺疫，俗称"清水喉"或"锁喉风"，是由多种杀伤性巴氏杆菌引起的一种常见的急性、热性传染病。近年来，随着我国规模化猪场不断增多，猪场饲养管理水平不断提高，猪肺疫的发病率呈下降趋势，但其和其他疾病的混合感染日趋严重，增加了猪肺疫的防治难度，给养猪业造成了重大的经济损失。

（一）病原学

多杀性巴氏杆菌属巴氏杆菌科巴氏杆菌属，为革兰氏染色阴性，两端钝圆，中央微凸的球杆菌或短杆菌。不形成芽孢，无鞭毛，不能运动，所分离的强毒菌株有荚膜。用病料组织或体液涂片，以瑞氏、姬姆萨或美蓝染色时，菌体多呈卵圆形，两极着色深，似两个并列的球菌。本菌为需氧及兼性厌氧菌本菌对直射阳光、干燥、热和常用消毒药的抵抗能力不强，但在腐败的尸体中可生存 1～3 个月。

（二）流行特点

猪肺疫一般无明显的季节性，常为散发或地方性流行。各种年龄的猪都可感染发病，小猪和中猪发病率较高。经消化道传染和呼吸道传染，或由吸血昆虫经损伤的皮肤、黏膜传染。

（三）临床症状

最急性型：最急性型猪肺疫又称"锁喉风"。主要现象是患病猪突然发病，迅速死亡。患上最急性型猪肺疫的病猪一般是体温升高（41～42℃），可视黏膜发绀，并伴有呼吸困难，口鼻出现大量泡沫的症状。病猪经常呈犬坐式，发出喘鸣声，因为皮下组织的大量出血导致腹部和耳根以及四肢内侧皮肤出现红斑。另外还伴有颈下咽喉部发热、红肿、坚硬的症状。病程 1～2 天，死亡率高达 100%。

急性型：急性型猪肺疫和最急性型的症状略有不同，一般也是具有败血症的同时伴随着体温升高现象。在病猪患病初期的症状是呼吸困难、干咳以及混有血液的鼻黏稠液。触诊胸部剧烈疼痛，听诊有啰音和摩擦音。病情严重之后就会出现呼吸更加困难、便秘腹泻以及消瘦无力等症状，最后病猪会窒息而死。

慢性型：慢性型猪肺疫经常表现为慢性肺炎和胃炎的症状。主要是病猪持续性的呼吸困难、咳嗽不止，并且出现关节肿胀和腹泻的现象。病猪持续性消瘦，最后衰竭而死，死亡率可达 60%～70%。

（四）病理变化

最急性型死亡的猪在各浆膜、黏膜处有出血点，肺充血，水肿，可见红色肝变区，咽喉部及周围软组织呈浆液性出血性炎症，可见皮下有淡黄色胶冻性的液体，全身淋巴结肿大充血，切面呈红色。

急性型病猪胸腔有浑浊液体，病程较长的胸膜发生粘连，肺小叶间充满淡黄色胶冻样液体，肺各部有大小不一的肝变区，切开呈暗红色，个别呈现灰红色。

慢性型病猪可见尸体极度消瘦、贫血。肺脏、肝脏区扩大，并有黄色或灰色坏死灶。肺组织大多发生肝变，胸膜粘连。

（五）诊断

根据高热，咽喉部位肿胀，咳嗽，呼吸困难，剖检有败血症变化，纤维素性胸膜炎或胃炎可作出初步诊断。确诊需进行实验室检查。无菌采取病变部组织或胸腔液、血液涂片，染色后镜检，如发现有卵圆形、两极浓染的短杆菌，革兰氏染色阴性小杆菌，必要时可用小鼠感染试验进行验证。

（六）综合防控措施

1. 预防

猪肺疫活疫苗适用于各生长期的健康猪，加入20%氢氧化铝生理盐水稀释，皮下或肌肉注射1毫升。猪肺疫氢氧化铝灭活菌苗，各种猪，每头皮下注射5毫升，注射后14天产生免疫力，免疫期9个月。

2. 治疗

应以抗菌消炎、平喘为主。临床上可用：咳喘停注射液，按每千克体重0.1毫升注射，一日一次，连用2~3天。重症可酌情加量或增加使用次数；清开灵注射液，按每千克体重0.1~0.2毫升注射，1~2次/天，连用2~3天；青霉素，按每千克体重8 000~

10 000 单位注射，2~3 次/天，连续注射 7 天；链霉素，按千克体重 1 万单位注射，1~2 次/天，连续注射 7 天。

三、猪大肠杆菌病

猪大肠杆菌病是由致病性大肠杆菌引起的猪的一种急性传染病，临床上主要表现为肠炎、肠毒血症等多种症状。由于猪的生长日龄及病原菌的血清型差异，致病性大肠杆菌所引起的疾病可分为仔猪黄痢、仔猪白痢和仔猪水肿。随着集约化养猪业的发展，猪大肠杆菌病的发生日益增多，给养猪业造成了重大的经济损失。

（一）病原学

大肠杆菌属于大肠杆菌科埃希氏菌属的成员，为革兰氏阴性、无芽孢、中等大小、两端钝圆的杆菌。该菌兼性厌氧，最适生长温度为37℃，最适生长 pH 值为 7.2~7.4。对营养要求不高，在普通营养琼脂培养基上生长 24 小时后，形成圆形、凸起、光滑、湿润、半透明、灰白色直径为 2~3 毫米的菌落，在麦康凯培养基上形成红色菌落。该菌对外界因素的抵抗力不强，60℃条件下 15 分钟便可将其灭活。大肠杆菌对磺胺类、链霉素等药物较为敏感，但其敏感性差异较大，且易产生耐药性。

（二）流行特点

仔猪黄痢：1~3 日龄发生最为多见，一周以上的仔猪很少发病。一年四季都可以发生，在寒冷、潮湿或高热、高湿、通风不良以及产仔集中的季节多发。发病率和死亡率高达90%以上。

仔猪白痢：一般发生于 10~20 日龄最多，一月龄以上仔猪很少发病，病程一般 10 天左右。

猪水肿病：主要发生断奶仔猪。环境气候聚变可诱发本病。春、秋两季多发，呈地方性流行。带菌母猪和感染仔猪是主要传染源，主要经消化道感染。

（三）临床症状

仔猪黄痢：仔猪出生后 24 小时左右发病，发病仔猪剧烈腹泻、排出黄色或黄白色水样粪便，有腥臭味。病猪精神沉郁，不吃奶，双眼下陷，腹部皮肤变紫，肛门周围糊有大量粪便，最终昏迷、衰竭死亡。

仔猪白痢：病猪突然发生腹泻，排出腥臭的灰白色黏稠稀粪。体温和食欲常无明显变化。发病仔猪消瘦，拱背，被毛粗乱，眼结膜苍白，如无其他并发症，多数可自行康复。

猪水肿病：本病的特殊症状是脸部、眼睑水肿。急性病例常未见任何症状突然死亡。亚急性病例，病猪精神沉郁，食欲不振，心跳加速，共济失调，前冲或作圆圈运动。静卧时，肌肉震颤，四肢划动作游泳状。触之敏感，发出呻吟或嘶哑鸣叫。

（四）病理变化

仔猪黄痢：尸体脱水严重，皮肤皱褶。胃内充满酸臭的凝乳块，肠腔内充满腥臭的黄色、黄白色稀薄内容物。肠系膜淋巴结充血、肿大。心、肝、肾有凝固性小坏死灶，脾瘀血。

仔猪白痢：尸体消瘦，皮肤苍白，胃黏膜充血、出血，胃内有少量凝乳块。肠腔内含大量气体和黄白色稀薄粪便。肠系膜淋巴结肿大。

猪水肿病：特征性病变为胃壁水肿，以大弯部和贲门部最为严重，严重的可波及胃底部和食道部。小肠黏膜水肿，十二指肠黏膜弥漫性出血。肠系膜淋巴结和颌下淋巴结肿大、出血。心包和胸腹腔有淡黄色积液。部分病例出现肺水肿。临床表现神经症状的猪，镜检可见非化脓性脑炎变化。

（五）诊断

根据发病猪的日龄，特征性临床症状及病理变化可做出初步诊断，确诊则必须进行实验室检查。如从小肠内容物中分离出大肠杆菌，并通过血清学方法鉴定其血清型方可确诊。

（六）综合防控措施

1. 预防

使用特异性菌苗免疫临产母猪可预防本病的发生。可用大肠杆菌双价基因工程苗以及大肠杆菌灭活苗进行免疫。母猪进入产房前对猪体进行喷雾消毒，临产前用消毒药水擦拭母猪乳头和乳房。仔猪出生后，擦干被毛，固定乳头，让仔猪尽快吃到初乳。

2. 治疗

仔猪黄痢常用药物主要有新霉素、金霉素、磺胺甲基嘧啶等抗菌类药物；治疗仔猪白痢常用的药物有磺胺类和抗生素等；治疗猪水肿病可在群体饲料内添加新霉素等药物。

仔猪白痢、仔猪黄痢、仔猪红痢、猪传染性胃肠炎、猪流行性腹泻的鉴别诊断见表1-3。

表1-3　仔猪白痢、仔猪黄痢、仔猪红痢、猪传染性胃肠炎、
猪流行性腹泻的鉴别诊断

类别	仔猪白痢	仔猪黄痢	猪传染性胃肠炎	猪流行性腹泻
病原	大肠杆菌	大肠杆菌	冠状病毒	冠状病毒
流行特点	10～30日龄多见，地方流行性，病死率低，与环境特别是温度有关	3日龄以内仔猪常发，地方性流行，产仔季节多发，发病率和死亡率均较高	各种年龄猪均可发病，10日龄仔猪发病死亡率最高，大猪很少死亡；常见于寒冷季节；传播迅速，发病率高	与传染性胃肠炎相似，但病死率低，传播速度较慢
主要临床症状	排白色糊状稀粪，腥臭，可反复发作，发育迟缓、易继发其他病	突然发病，拉黄色、黄白色水样稀粪，带乳片、气泡，腥臭；不食，脱水，消瘦，昏迷而死，病程1～2天，来不及治疗，致死率90%以上	突然发病，先吐后泻，稀粪带有凝乳块，腥臭难闻，后躯污染严重；脱水、消瘦，体重锐减，日龄越小病程越短，病死率越高，大猪多很快康复	与传染性胃肠炎相似，亦有呕吐、腹泻、脱水症状，主要是水泻

（续表）

类别	仔猪白痢	仔猪黄痢	猪传染性胃肠炎	猪流行性腹泻
病原	大肠杆菌	大肠杆菌	冠状病毒	冠状病毒
特征性病理变化	小肠卡他性炎症，结肠充满糊状内容物	脱水，皮下及黏浆膜水肿；小肠有黄色液体和气体，淋巴结有出血点，肠壁菲薄，胃底有出血溃疡	尸体消瘦，明显脱水，胃肠卡他性炎症，肠壁菲薄。肠腔扩张、积液，肠绒毛萎缩	与传染性胃肠炎相似
实验室诊断	分离细菌	分离细菌	病毒分离	病毒分离

四、猪链球菌病

猪链球菌病是由链球菌感染所引起的猪的一类疾病的总称。近几年来，我国猪链球菌病的发生和危害日趋严重，除西藏自治区等少数地区尚未发现本病外，大多数省、市、自治区均有不同程度的发生与流行。链球菌血清型众多，抗原结构复杂，特别是猪链球菌2型，是一种重要的人兽共患传染病病原，给我国养猪业造成了巨大经济损失。我国将其列为二类动物传染病。

（一）病原学

链球菌属于链球菌科链球菌属的细菌，种类繁多，在自然界中分布广泛。该菌为革兰氏阳性菌，多为兼性厌氧菌，不形成芽孢。根据链球菌菌体荚膜抗原特性的不同，猪链球菌共分为35个血清型，即1~34型及1/2型，其中以2型流行最广，对猪的致病性最强。该菌对外界环境的抵抗力不强，对干燥、湿热和普通消毒剂均敏感。在污染猪舍的清洗过程中，常用的消毒药和清洁剂在1分钟内即可杀死病菌。大多数链球菌在60℃条件下30分钟均可被灭活，煮沸条件下可立即致死。该菌对青霉素、金霉素、红霉素、四环素、链霉素以及磺磺胺类药物均较为敏感。

（二）流行特点

各种年龄的猪都有易感性，但败血症型和脑膜脑炎型多见于仔猪，化脓性淋巴结炎多见于育成猪与成年猪。病猪和带菌猪是主要传染源。此病一般呈地方性流行，在秋季至下一年的春季较多发生。

（三）临床症状

败血型（最急性型）：发病急、病程短，常无任何症状即突然死亡（似丹毒的败血型）。体温高达 41～43℃，呼吸迫促，腹下有紫红斑，四肢关节和肌肉疼痛驱赶时尖叫，多在 24 小时内死亡；急性型：多突然发生，体温升高 40～43℃，呈稽留热。呼吸迫促，鼻镜干燥，从鼻腔中流出浆液性或脓性分泌物。结膜潮红，流泪。颈部、耳廓、腹下及四肢下端皮肤呈紫红色，并有出血点。多在 1～3 天死亡；慢性型（关节炎型）：主要表现为多发性关节炎。关节肿胀，跛行或瘫痪，最后因衰弱、麻痹致死。

脑膜脑炎型：病猪体温升高，不食，主要表现为中枢神经系统紊乱，如磨牙、口吐白沫，眼凝视，共济失调，后肢摇摆不稳，盲目运动或转圈运动，全身痉挛、抽搐，倒地四肢划动似游泳状，最后麻痹衰竭而死。病程短的几小时，长的 1～5 天，致死率极高。有的可转为慢性，生长不良，关节肿胀。

心内膜炎型：多发于仔猪，突然死亡或呼吸困难，皮肤苍白或体表发绀，很快死亡。往往与脑膜炎型并发。

淋巴结脓肿型：多见于架子猪，传播较缓慢，发病率低。病猪脓肿破溃后可流出带绿色、稠厚、无臭味的脓汁，脓汁污染饲料、饮水、环境，带菌猪扁桃体容易分离本菌，病愈猪带菌可达半年之久。颌下淋巴结化脓性炎症最常见，其次为咽部和颈部淋巴结。可见局部隆起，触诊硬固，有热、痛，可影响采食、咀嚼、吞咽、呼吸，直至脓肿成熟，可自行破溃而自愈。

（四）病理变化

败血型：呈现出血性败血症变化，剖检可见鼻黏膜紫红色、充血及出血，喉头、气管充血，常有大量泡沫。肺充血肿胀。全身淋巴结有不同程度的肿大、充血和出血。脾肿大 1~3 倍，呈暗红色，边缘有黑红色出血性梗死区。胃和小肠黏膜有不同程度的充血和出血，肾肿大、充血和出血，脑膜充血和出血，有的脑切面可见针尖大的出血点。

脑膜脑炎型：剖检可见脑膜充血、出血甚至溢血，脑组织切面有点状出血，个别脑膜下积液，脑脊髓液浑浊，增量。显微镜下可见多量白细胞。其他病变与败血型相同。

心内膜炎型：剖检可见心内膜炎、心包炎，心包积液增量，心肌柔软，色淡呈煮肉样，心肌外膜与心包膜黏连。

淋巴结脓肿型：剖检可见关节腔内有黄色胶胨样或纤维素性、脓性渗出物，淋巴结脓肿。

（五）诊断

猪链球菌病的临床诊断主要依据流行病学、临床症状和病理变化。常用的实验室诊断方法有：涂片镜检、分离培养，必要时可用 ELISA 方法及 PCR 方法进行菌型鉴定。

（六）综合防控措施

1. 预防

（1）使用猪链球菌多价苗，于每年 6—7 月对后备母猪进行免疫，免疫剂量为 2 头份；对种公猪和经产母猪每年免疫 2 次，免疫剂量为 2 头份；对仔猪和育肥猪 3~5 周龄免疫 1 次，免疫剂量为 1 头份。

（2）加强饲养管理，搞好猪舍内外的环境卫生，猪舍要保持清洁干燥，通风良好；仔猪断脐、剪牙、断尾、打耳号等要严格用碘酊消毒，当发生外伤时要及时按外科方法进行处理，防止伤口感染病菌；病死猪进行无害化处理。

（3）与猪密切接触者应穿防护服、胶鞋、带口罩和手套，做好自身防护，双手、四肢有伤口的人员应尽量避免接触病死猪及其分泌物。工作完成后，胶靴放入消毒池内消毒5分钟，使用0.3%～0.5%的碘伏或75%的酒精揉搓1～3分钟消毒手部，手套、口罩、帽子、工作服等应置入密封袋内并焚毁。

2. 治疗

初发病猪每千克体重用青霉素或氨苄青霉素1万国际单位，链霉素每千克体重1万国际单位进行肌肉注射，连用3～5天。对体质虚弱不能采食的病猪，可适当投予葡萄糖、维生素C、电解质等。对淋巴结脓肿的病猪，待病灶成熟后，应切开排脓，用3%双氧水或0.1%高锰酸钾液冲洗后，涂以碘酊，必要时可进行包扎处理。

五、猪梭菌性肠炎

猪梭菌性肠炎又叫仔猪红痢，是由魏氏梭菌引起的初生仔猪的一种急性传染病。多发生于1周龄以内的仔猪，主要特征是出血性下痢、小肠后段弥漫性出血或坏死，病程短，病死率高。

（一）病原学

病原体为C型产气荚膜梭菌，亦称为魏氏梭菌。革兰氏染色阳性。菌体两端钝圆，大小为（0.6～2.4）微米×（1.3～19.0）微米。可产生多种外毒素和致死毒素，根据产生的毒素分为A、B、C、D、E 5个血清型，C型菌株主要产生α和β毒素，其中β毒素可引起仔猪肠毒血症、坏死性肠炎。菌体对外界的抵抗力不强，一般消毒剂均可杀死该菌的繁殖体，但其芽孢的抵抗力较强。90℃条件下30分钟或100℃条件下5分钟才能将其杀灭。食物中毒型菌的芽孢可耐煮沸1～3小时。

（二）流行特点

本病主要发生在产仔季节，任何品种猪都易感；1～3日龄仔猪发病最多，3天以上的猪很少发生，发病率最高能达100%，病死率30%左右。

（三）临床症状

根据其病程长短及病情的严重程度可分为最急性型、急性型、亚急性型和慢性型。最急性、急性猪梭菌性肠炎多发病于出生1～2日龄的仔猪。

最急性型：仔猪出生当天发病，可见出血性腹泻，后躯沾满带血的稀粪。病猪精神不振，走路摇晃，虚脱，倒地抽搐而亡。

急性型：病程一般为2天左右。病猪排出含有灰色坏死组织碎片的红褐色水样稀粪，病猪迅速脱水、消瘦，最终衰竭死亡。

亚急性型：病程5～7天。病猪持续性腹泻，初期病猪排黄色软粪，后期逐渐变为含有坏死组织碎片的米粥样稀粪，随着病情的发展，病猪逐渐消瘦、体温下降、后肢麻痹，多于出生后5～7天死亡。

慢性型：病程一般在1周以上，呈间歇性或持续性腹泻，粪便为灰黄色，带黏液。病猪生长缓慢，发育不良，最终死亡或形成僵猪。

（四）病理变化

腹腔内有大量樱桃红色积液。空肠及回肠前部肠壁呈深红色，肠黏膜及黏膜下层广泛性出血。肠内容物呈暗红色，肠系膜淋巴结深红色。脾脏肿大，肝脏质脆。心肌苍白，心冠脂肪出血，心外膜有出血点。肾呈灰白色，皮质部小点出血。膀胱黏膜有小点出血。

（五）诊断

根据本病多发生于3日龄以内的仔猪，拉血痢，病程短，死亡率高，病变肠段呈深红色，界线分明，肠系膜部位有小气泡等特征，一般可作出诊断，如有必要可进行实验室检测，常用的检测方法有细菌学检查、毒素试验、PCR 等。

（六）综合防控措施

1. 预防

（1）初产母猪，产前 1 个月及产前半个月各肌肉注射仔猪红痢氢氧化铝菌苗 5～10 毫升；经产母猪产前半个月注射 3～5 毫升。

（2）产房必须经过彻底消毒，确保清洁卫生，还要对母猪排出的粪便及时进行清理。圈舍采取火焰消毒，连续进行 3 天，之后每间隔 3 天进行 1 次消毒。

（3）仔猪断奶后的空舍（栏），消毒后至少空舍（栏）7～30天方可使用。

（4）母猪产前要使用 0.1% 的高锰酸钾液对乳头进行擦拭、清洗、消毒，避免发生该病。

2. 治疗

猪群的饲料中添加阿莫西林，按每天按每千克体重使用 30毫克计算，分成 2 次给药，连续使用 5 天。对于同窝仔猪，按每千克体重口服阿莫西林 15 毫克，每天 2 次，连续使用 3 天。对于发病仔猪，可按每千克体重灌服适量的添加有 0.3 克次硝酸铋和 100 毫克盐酸环丙沙星的饮水，每天 2 次，连续使用 2天。如果患病仔猪发生严重脱水，可同时使其口服适量的补液盐溶液。

六、猪增生性肠炎

猪增生性肠炎是由胞内劳森氏菌引起的一种接触性传染病，以回肠及盲结处近端的结肠、盲肠高度增生为特征。因该病多为隐性感染，故极易被忽视，但其严重影响病猪生长，使饲料报酬率降低，易造成巨大的经济损失。

（一）病原学

猪增生性肠炎的病原是一种专性细胞内寄生菌，主要寄生在猪的肠黏膜上皮细胞中。菌体长（1.25～75）微米，宽（0.25～0.43）微米，逗点形、S 形或杆状，两端尖或圆钝，革兰氏染色阴性。在常规的培养基或鸡胚中均不能生长，但能在鼠、猪和人的肠细胞系上生长。本菌在外界环境中的存活能力一般，5℃条件下可存活 1～2 周，对含碘消毒剂和季铵盐消毒剂敏感。

（二）流行特点

本病常年发生。不同年龄、品种和性别的猪均可感染，多发生于 6～20 周龄的生长育肥猪，发病率为 5%～30%，死亡率一般为 1%～10%，有时高达 40%～50%。通过消化道传播。呈散发或地方性流行，鸟类和鼠类在该病的传播过程中起重要作用。

（三）临床症状

根据病程长短，该病可分为急性型、慢性型和亚临床型。

急性型：多发生于 4～12 月龄的育肥猪或种猪。临床症状主要表现为精神沉郁、体温正常，偶有低温出现，严重腹泻，病程稍长时，排出黑色柏油样稀粪。有的猪未见症状而突然死亡，尸体苍白。发病率最高达 50%。

慢性型：多发生于 6～20 周龄的断奶仔猪。临床症状主要为腹泻、粪便呈褐色，被毛粗乱，生长缓慢，饲料报酬率低。部分感染猪仅表现轻微下痢。若存在继发感染，死亡率一般为 1%～5% 不等。

亚临床型：多发生于断奶后 3～4 周龄的仔猪。主要临床症状是生长速度缓慢及饲料利用率低。

（四）病理变化

剖检病变主要见于小肠后部，结肠前部和盲肠，最常见于临近回盲瓣的末端回肠。病变部位肠壁显著增厚，肠管外径变大。有的还可见溃疡，肠黏膜表面覆盖有黄色、灰白色纤维素性渗出物，严重的还可见坏死性肠炎病变（肠黏膜有凝固性坏死和炎性渗出物）。肠系膜淋巴结、腹股沟淋巴结肿大，颜色变浅，切面多汁。

（五）诊断

根据流行特点、临床症状和病理变化可作出初步诊断，确诊需进行实验室检查。临床诊断要点如下：多发于 6～20 周龄的生长育肥猪；病猪表现为消瘦、贫血、精神沉郁、生长发育不良，饲料利用率降低；体温多数正常；出血性下痢；病程稍长者，排黑色柏油样稀粪，后期转为黄色；病理变化多发生在小肠末端 50 厘米和结肠螺旋的上 1/3 处；肠壁增厚，肠管外径变粗。

常用的实验室检测方法有：涂片镜检、组织学检查、免疫荧光试验、酶联免疫吸附试验（ELISA）及聚合酶链式反应（PCR 检测）等。

（六）综合防控措施

1. 预防

目前，美国、德国和荷兰等国已研制出猪增生性肠炎的无毒活苗和灭活苗，免疫保护率较高。

加强圈舍环境卫生，定期用碘或季铵盐类消毒剂对空猪舍（栏）进行彻底消毒、消灭传染源，减少外界环境的不良刺激。

2. 治疗

泰乐菌素或泰妙菌素，按每千克体重 10 毫克的剂量进行肌肉注射，每天 2 次，连用 2～3 天。发病严重时可用止泻药 + 恩诺沙星注射液，按推荐剂量进行肌肉注射，每天 1 次，连用 3 天；慢性病例可使用乐多丁每千克体重 50 毫克，连用 2 周。

经药物治疗后，若个别病猪仍机体消瘦、贫血、食欲不振，可一次混合肌注 4～5 毫升复合维生素 B 注射液 + 2.5～3.0 毫升牲血素（含硒型）。

七、猪痢疾

猪痢疾是由猪痢疾密螺旋体引起的一种以黏液性出血性下痢为特征肠道传染病。本病一旦侵入猪群，不易根除，仔猪的发病率和死亡率都相当高，病猪生长缓慢，饲料消耗成倍增加，给养猪业造成了较大的经济损失。20 世纪 70 年代末，该病传入我国，目前已成为危害养猪业较为严重的传染病之一。

（一）病原学

引起猪痢疾的病原微生物为猪痢疾蛇形螺旋体，为蛇形螺旋体属的成员。革兰氏染色阴性，两端尖锐，有 4 ~ 6 个弯曲。暗视野显微镜下，可见其活泼的蛇样运动。主要存在于病猪的病变肠段黏膜、肠内容物及排出的粪便中。严格厌氧，对培养条件要求较严格。猪痢疾蛇形螺旋体对外界环境的抵抗力较强：在土壤中可存活18 天左右，在粪便中 5℃时可存活 61 天。对高温直射阳光、干燥和常用的消毒药都很敏感，过氧乙酸、来苏儿、1% ~ 3% 的火碱溶液等短时间内都可将其杀灭。

（二）流行特点

一年四季均可发生，但在春秋季发病较多。主要经消化道传染，以断奶仔猪和架子猪最为多发，哺乳仔猪和成年猪发病较少。康复猪带菌时间可长达数月，而且反复发病、不易清除。

（三）临床症状

该病潜伏期为 3 ~ 60 天不等。猪群最初发病时多为最急性型和急性型，以后逐渐以亚急性型和慢性型为主。急性病例最初表现为精神沉郁，食欲减退，随后出现腹泻，粪便中出现胶冻样黏液，同时混有血液和血块，部分猪排褐色或灰色粪便，并混有脱落的黏膜碎片。大部分猪体温正常，少数病例体温可达 40.0 ~ 40.5℃。亚急性型和慢性型病例病情较轻，多见于流行的中后期，以黏液性腹泻为主，病猪下痢反复发生，机体消瘦，生长迟滞，发育不良。大部分病例可自然康复，但在一定时间，个别猪存在复发现象。

（四）病理变化

主要局限于大肠。最急性型和急性型多表现为大肠黏液性和出血性炎症。肠黏膜肿胀、充血和出血，肠腔内充满红色或暗红色的黏液和血液。病程稍长者，则出现坏死性肠炎，坏死常限于黏膜表面，肠内混有多量黏液和坏死组织碎片；肠系膜淋巴结肿大；小肠及其他脏器没有明显病变。

（五）诊断

根据该病的流行特点、临床症状及病理变化可做出初步诊断，确诊需要进行实验室检测。取肠道黏膜做成薄层涂片，也可用新鲜血便涂片，再用姬姆萨氏染色，在油镜下观察，若观察到 3~4 个弯曲的螺旋体病菌，即可做出确诊。

（六）综合防控措施

1. 预防

坚持"自繁自养"和"全进全出"的管理制度，严禁从疫区引进生猪，若需引进种猪，须进行隔离检疫 2 个月。一旦猪场发生该病，应立即淘汰发病猪，并做无害化处理。

2. 治疗

每千克饲料中添加 0.05 克菌立清和 0.5 克杆菌肽，连续饲喂7~10 天。肌肉注射 0.5% 的痢菌净，每千克体重 2 毫升，2 次/天，连用 5 天。对不采食的仔猪，每千克体重灌服 5 毫克痢菌净，2 次/天，连用 3~5 天。对下痢比较严重的猪可配合使用 5% 的葡萄糖氯化钠溶液、安钠钾等药物进行补液、强心治疗。

八、猪副伤寒

猪副伤寒是仔猪常见的一种消化道疾病，该病可以单独发生，也可以混合感染，死亡率很高，具有病程长、传播迅速、疗程长、死亡率高等特点，对猪生长发育、健康及繁殖造成较大威胁，是影响养猪业的一种较为重要的传染病。

（一）病原学

猪副伤寒是由猪沙门氏菌引起的，其形状为两端钝圆、短而粗、中等大的杆菌。该菌一般没有芽孢和荚膜，有周身鞭毛（除鸡白痢沙门氏菌外），可以运动，为革兰氏阴性菌。病原体在粪便中可存活 1～2 个月，在垫草上可存活 8～20 周，在冻土中可以过冬，在 10%～19% 食盐腌肉中能生存 75 天以上，但对消毒药的抵抗力不强，一般的消毒药均可将其杀死。该菌可产生耐热的内毒素，75℃ 下加热 1 小时，仍具有毒性。

（二）流行特点

主要发生在 1～4 月龄的仔猪。经过消化道传播，常呈散发或地方性流行，一年四季均可发生，但以冬春寒冷季节发病较多。

（三）临床症状

急性型呈败血症变化，多见于断乳后不久的仔猪，患猪体温突然升高到 41～42℃，精神不振，不食。病初便秘，以后腹泻，粪便恶臭，有时带血，常有腹部疼痛症状，弓背尖叫。呼吸困难，耳根、胸前和腹下皮肤有紫绀。最后患猪呼吸困难，体温下降，大多发病后 2～4 天死亡，有时出现症状后 24 小时内死亡。病死率很高。

亚急性和慢性型患猪体温 40.5～41.5℃，眼有黏性或脓性分泌物，少数发生角膜浑浊，严重者发展为溃疡；精神、食欲不振，初便秘后腹泻，粪便呈淡黄色或灰绿色，恶臭；个别猪中后期出现皮疹、干固痂皮和溃疡；有的患猪还发生肺炎，有咳嗽和呼吸加快症状。病程 2～3 周或更长，最后极度消瘦、衰竭死亡。

（四）病理变化

剖检急性病死猪可见脾肿大、色暗带紫，大小肠溃疡，淋巴结肿大、充血、出血，胃肠黏膜卡他性炎症。亚急性和慢性型可见盲肠、结肠肠壁增厚，有时回肠后段肠壁也增厚，黏膜上覆盖一层弥漫性坏死性腐乳状物质，剥开可见底部红色、边缘不规则的溃疡面。肠系膜淋巴索状肿，有的干酪样坏死。

（五）诊断

根据流行病学、临床表现和病理变化等可作出初步诊断，确诊需进行实验室检查。实验室检查包括免疫荧光法、细菌分离及培养鉴定等。诊断时应注意将该病与猪痢疾、猪瘟等相区别（表1-4）。

表1-4　猪副伤寒、猪痢疾、猪瘟病的鉴别诊断

类别	猪副伤寒	猪痢疾	猪瘟
病原	沙门氏菌	蛇形螺旋体	猪瘟病毒
流行特点	传播较为缓慢，且流行期较长	传播比较迅速，一年四季均可发病	传播比较迅速
主要临床症状	粪便呈红色、棕色或黑色，并带黏液或血	腹泻持续下痢。急性病例以出血性下痢为主，慢性病例以黏液性腹泻为主	病猪食欲废绝、精神沉郁、皮肤有小出血点、腹泻
特征性病理变化	脾肿大、色暗带紫，大小肠溃疡，淋巴结肿大、充血、出血，盲肠、结肠肠壁增厚	整个肠管呈弥漫红色，大肠黏膜表层出血，并伴有弥漫性坏死	脾、肝无坏死灶，仅脾出现出血性梗死，病猪回盲口周围形成轮层状溃疡
实验室诊断	革兰氏阴性菌两端钝圆、短而粗、中等大的杆菌	严格的厌氧菌一般不做培养	ssRNA病毒，黄病毒科瘟病毒属，血清学检测检测病毒抗体

（六）综合防控措施

1. 预防

可用于猪沙门氏菌病防治的疫苗有多价副伤寒灭活苗、单价灭活苗和仔猪副伤寒弱毒冻干菌苗等。对空闲猪舍用甲醛熏蒸消毒。食槽、水槽等用具用2%氢氧化钠溶液洗刷，后用清水冲洗。

2. 治疗

用磺胺脒按每天每千克体重0.4~0.5克，分为2~4次内服，连用5天，给药期间要多饮水，防止肾脏结晶。

九、副猪嗜血杆菌病

副猪嗜血杆菌病又称多发性纤维素性浆膜炎和关节炎。该菌在环境中普遍存在，临床上以体温升高、关节肿胀、呼吸困难、多发性浆膜炎、关节炎和高死亡率为特征，严重危害仔猪和青年猪的健康。

（一）病原学

副猪嗜血杆菌为革兰氏阴性短小杆菌。形态多变（杆状，球状或丝状），有15个以上血清型，其中血清型4、5和13最为常见（占70%以上）。病菌对外界抵抗力不强，干燥环境易死亡。60℃可存活5~20分钟，4℃可存活7~10天，常用消毒药可将其杀灭。临床经验表明，保育舍内流行猪繁殖与呼吸综合征病时，副猪嗜血杆菌导致的死亡率会增高。

（二）流行特点

该病一般通过呼吸系统传播，也可通过消化道传染。14~120日龄的猪都可能感染．但以35~56日龄的断奶保育仔猪最为多见。有时哺乳仔猪也会发病，尤其是免疫水平较低的初产母猪产下的仔猪更易感染。发病率一般在10%~15%不等，致死率约为50%，当混合感染严重时则死亡率会更高。

（三）临床症状

急性感染：常突发于生长良好的猪只，体温突然升高（40.5～42.0℃），精神沉郁，食欲不振；接着出现咳嗽、呼吸困难，心跳加快，皮肤发红或苍白，耳梢发紫，眼睑皮下水肿；跗关节、腕关节等部位肿胀跛行。断奶仔猪可表现为迅速沉郁或无明显症状突然死亡。

慢性感染：多见于保育猪和育肥猪，慢性发病表现为皮肤苍白，被毛粗乱，四肢无力或跛行，关节肿胀，关节炎，生长缓慢，体温升高，轻度脑膜炎，腹膜炎，肺炎，心包感染。也可发生突然死亡。有时鼻孔有黏液性或浆液性分泌物。断乳仔猪以慢性感染为主。繁殖母猪一般不表现临床症状。后备母猪可表现跛行、僵直、关节和肌腱处轻微肿胀，但很少见脑膜炎。

（四）病理变化

剖检可见胸膜炎、腹膜炎、脑膜炎、心包炎、关节炎等多发性炎症，多伴有纤维素性或浆液性渗出。胸腔积有大量淡黄色液体以及纤维素性渗出物。腹腔积满淡红色浑浊腹水。肠黏膜和肝脾表面附有豆腐渣样黄白色的纤维素性渗出物。心脏包裹大量绒毛状的纤维蛋白渗出物，病理学上将其称为"绒毛心"。全身淋巴结肿大（如下颌淋巴结、腹股沟淋巴结及胸前淋巴结等），切面呈灰白色。

（五）诊断

根据临床症状可做出初步诊断，确诊需进行副猪嗜血杆菌分离鉴定。由于副猪嗜血杆菌对生长条件要求比较苛刻，从病料中分离常常不能获得成功。因此，在病料采集时，要选取临床症状典型且最好未经抗生素治疗的病猪，要尽快采取多个新鲜组织样品。常见的诊断方法主要有琼脂扩散试验、补体结合试验、间接血凝试验、PCR检测等。

（六）综合防控措施

1. 预防

使用疫苗防治本病可参考如下免疫程序：母猪：从未注射过本疫苗的母猪，应于产前 40 天首免，产前 20 天二免；经免母猪产前 30 天免疫一次即可；仔猪：根据猪场发病日龄推断免疫时间，一般在 10 日龄到 30 日龄内进行首次免疫，每头注射 1 毫升，15 天后二免。为防止由应激引起的副猪嗜血杆菌病，对全群猪防疫、转运、转圈前，可采用电解多维溶液加维生素 C 粉饮水 5 ~ 7 天。以增强机体抵抗力，减少应激反应。采用敏感的抗菌素进行治疗，口服抗菌素类药物全群预防。

2. 治疗

大多数菌株对泰拉菌素、头孢菌素、氨苄青霉素，氟苯尼考，泰乐菌素等敏感，个别发病严重的猪只需要进行注射治疗。

十、猪炭疽病

猪炭疽病是由炭疽杆菌引起的人兽共患的一种急性、热性、败血性传染病。临床上以突然高热和死亡、可视黏膜发绀和天然孔流出煤油样血液为特征。世界动物卫生组织（OIE）将其列为必须报告的动物疫病，我国将其列为二类动物疫病。

（一）病原学

猪炭疽病的病原为芽孢杆菌属的炭疽杆菌，呈革兰氏阳性。在猪体内常单个存在或几个菌体相连以短链形式存在。炭疽杆菌在适宜的条件下（充足的氧气和适当的温度 25 ~ 30℃）下可形成抵抗力极强的芽孢。该菌芽孢在干燥的环境下可存活 10 年以上，土壤被污染后可保持传染二三十年。对热、干燥和一般消毒药均有较强的抵抗力。炭疽杆菌的菌体对外界理化因素的抵抗力不强，60℃条件下 30 ~ 60 分钟或 75℃条件下 5 ~ 15 分钟，即可将其灭活。该菌的繁殖体对青霉素，庆大霉素及磺胺类药物较为敏感，首选抗生素为青霉素。

（二）流行特点

本病多发生于夏季，多为散发或地方性流行各种家畜、野生动物和人均有不同程度的易感性，其中以草食动物最易感，其次是杂食动物，再次是肉食动物，一般认为猪对本病比牛、羊的抵抗力强一些。主要经口以消化道感染为主，其次是呼吸道、皮肤创伤接触、黏膜接触及昆虫叮咬等途径。

（三）临床症状

该病潜伏期一般为 1～5 天，最长可达 14 天。临床分为败血型、咽喉型、肠型和隐性型 4 种。

败血型：败血型为最急性的炭疽病型，病猪可视黏膜发绀、出血，尸僵不全，血液凝固不良，天然孔出血，痉挛，倒地而死。多见于幼龄猪，而且发生较少。

咽喉型：临床上，病猪可能出现长时间卧地，体温短暂升高，咽喉部和颈部以及颌下部浮肿。精神沉郁、咳嗽、呼吸和吞咽困难。个别猪只喉黏膜高度水肿，发出喘息声，重症病例鼻腔出血，甚至窒息而死。

肠型：肠型的临床症状不如咽型明显，主要表现急性消化紊乱。重症病例出现呕吐、腹泻、便秘甚至排血便。

隐性型：无明显症状。

（四）病理变化

败血型：尸僵不全，天然孔出血，血液凝固不良呈暗红色或黑红色，黏稠似煤焦油样。脾脏极度肿大呈黑色，超过正常数倍。

咽喉型：病猪咽喉及颈部肿胀，咽后、颈前淋巴结肿胀、出血，扁桃体出血坏死。

肠型：主要发生于小肠，肠管呈暗红色，肿胀。肠系膜淋巴结肿大。

隐性型：淋巴结不同程度肿大，切面呈砖红色，散布有细小、灰黄色坏死病灶或暗红色凹陷小病灶。

（五）诊断

若发现"突然发病死亡，死后天然孔流血"，应首先怀疑为炭疽，确诊需进行实验室检查。常见的实验室检测方法有细菌学检查，血清学诊断（炭疽沉淀反应、间接炭粉凝集反应、乳胶凝集试验和其他特殊诊断方法）等。

（六）综合防控措施

1. 应急处理

任何单位和个人发现患有本病或者疑似本病的动物，都应立即向当地动物防疫监督机构报告。所在地动物防疫监督机构接到疑似炭疽疫情报告后，应及时派技术人员到现场进行流行病学调查和临床检查，采集病料送有资质的实验室进行诊断，并立即隔离疑似患病动物及同群动物。对病死动物尸体，严禁剖检，如需采样必须严格执行操作规程，防止病原污染环境，形成永久性疫源地。对确诊的患病动物作无血扑杀处理，对病死动物及排泄物、可能被污染饲料、污水等按《炭疽防治技术规范》的要求进行无害化处理。

2. 个人防护

与病原密切接触人员，应穿防护服、戴口罩和手套，有外伤的人员不要参与疑似疫情的处置。若出现疑似炭疽症状，应用 H_2O_2 或 0.1% 高锰酸钾溶液清洗创面，做好现场处理后及时送医。

3. 疫苗免疫

对炭疽常发地区或受威胁地区的猪只，每年进行预防接种。常用无毒炭疽芽孢菌苗、Ⅱ号炭疽芽孢疫苗进行免疫接种。无毒炭疽芽孢疫苗：每头猪皮下注射 0.5 毫升。常规注射 2 周后便可产生免疫效力，最长可维持 1 年之久。Ⅱ号炭疽芽孢疫苗：每头猪皮下注射 1 毫升，注射后 2 周产生免疫力，免疫有效期为 1 年。

4. 猪舍环境控制及消毒

被病畜污染的圈舍、用具等用 5% ~ 10% 的火碱、碘制剂、醛制剂喷洒消毒，药量为 150 ~ 300 毫升/平方米，连续喷洒至少 3 次，每次间隔 1 小时。对病畜污染的饲料、杂草和垃圾做焚烧处理。同时做好疫源地的灭蚊虫、灭鼠工作。

5. 治疗措施

感染炭疽的动物一般不建议进行治疗。对于经济价值较高的种猪，临床上可用 40 万 ~ 100 万单位的青霉素进行肌肉注射，每天 2 ~ 3 次，连用 4 ~ 5 天。此外，还可选用庆大霉素和磺胺类药物进行治疗。

十一、猪布鲁氏菌病

猪布鲁氏菌病简称猪布病，由布鲁氏菌引起的急性或慢性的人兽共患传染病。该病的主要特征：生殖器官和胎膜发炎，引起流产、不育和各种组织的局部病灶。我国将其列为二类动物疫病。

（一）病原学

猪布氏杆菌病的病原为布氏杆菌。该菌为革兰氏阴性短杆菌，无鞭毛，无芽孢，其侵袭力和扩散力极强，可通过皮肤和黏膜侵入机体。感染畜排出的病原菌对外界环境的抵抗力较强，在污染的土壤、水、粪尿及饲料中可存活 1 ~ 7 个月；在胎衣中可存活 4 个月，在皮毛上可存活 2 ~ 4 个月，鲜乳中存活 3 ~ 15 天，在冻肉中存活 2 ~ 7 周。对热和消毒药的抵抗力不强，常用的消毒药（如 0.1% 的新洁尔灭、5% 的熟石灰等）均能将其迅速杀死。

（二）流行特点

一般为散发，性成熟年龄的动物较易感。家畜中以牛、猪、山羊、绵羊易感性较高，母畜感染后一般只发生一次流产，流产两次的少见。通过消化道感染，也可通过结膜、阴道、皮肤感染。病原菌可随感染动物的精液、乳汁、脓液，污染饮水、饲料、用具而造成动物感染。

（三）临床症状

本病突出表现为繁殖障碍，患病母猪正常分娩或早产时，可产下弱仔、死胎或木乃伊胎儿。

流产前常表现精神沉郁，体温升高，食欲减退，阴唇和乳房肿胀，有时阴道流出黏性或黏脓性分泌物。流产后很少发生胎衣滞留，一般流产后 8～10 天可以自愈。少数情况因胎衣滞留，引起子宫炎和不育。还见有皮下脓肿、关节炎或腱鞘炎等，还可能发生后肢麻痹。公猪感染后多出现一侧或两侧睾丸炎、附睾炎。病猪睾丸肿胀、热痛，后期睾丸萎缩，甚至丧失配种能力。

（四）病理变化

母猪常见的病变是子宫黏膜上散在分布着很多淡黄色的小结节，直径约为 2～3 毫米，结节质地硬实，切开可见少量干酪样物质。输卵管也有类似子宫的结节性病变，病变严重的可引起输卵管阻塞。

公猪的常见病变是睾丸炎。病初，睾丸肿大，出现化脓性或坏死性炎症；随着病情的延长，病灶可发生钙化，睾丸继发萎缩。切开睾丸，肿大的睾丸多呈灰白色，有大量的结缔组织增生，在增生组织中常见出血及坏死灶。萎缩睾丸多发生出血和坏死，实质明显减少。附睾、精囊、前列腺和尿道球腺等均可发生类似病理变化。

（五）诊断

一般诊断母畜流产，胎衣胎儿的病理变化，公畜睾丸炎与不育等便应怀疑为猪布鲁氏菌病，但确诊必须依靠实验室诊断。实验室诊断本病包括病原学诊断和血清学诊断。实验室诊断应在生物安全二级实验室进行。动物布鲁氏菌病诊断技术 GB/T 18646—2002，本标准规定的虎红平板凝集试验用于布鲁氏杆菌病的初筛。试管凝集试验用于诊断布病感染的家畜。抗体实验结果判断时要了解猪群是否接种过疫苗，区分免疫抗体和感染抗体。

（六）综合防控措施

1. 预防

实行"检疫、免疫、捕杀病畜"为主的综合性防治措施，禁止从疫区调运家畜。加强对畜产品的检疫监督，屠宰场的生猪定期检查，检出的病猪及时隔离、捕杀。病猪的流产物及死猪必须进行无害化处理，对养殖环境进行彻底消毒。密切接触牲畜及其产品的人员应做好个人防护。戴口罩、护目镜和手套，穿防护衣，皮肤有伤口者应暂时避免接触家畜，防止经皮肤、黏膜和呼吸道感染本病。

2. 治疗

本病以净化为主，无治疗价值。

十二、猪传染性胸膜肺炎

猪传染性胸膜肺炎又称坏死性胸膜肺炎，是由胸膜肺炎放线杆菌引起的猪的一种高度传染性呼吸道疾病。该病与猪传染性萎缩性鼻炎、猪气喘病成为一些大型养猪场的三大呼吸道传染病。

（一）病原学

猪传染性胸膜肺炎的病原是胸膜肺炎放线杆菌，本菌可分为 NAD 依赖型和非 NAD 依赖型两个生物型。胸膜肺炎放线杆菌为兼性厌氧菌，最适生长温度37℃。胸膜肺炎放线杆菌具有溶血性，呈 β 溶血。该菌是一种条件致病菌，对外界环境的抵抗力不强，60℃条件下 5～20min 即可被灭活，但在病猪排出的鼻分泌物中，因受黏液蛋白的保护，在外界环境中可存活数天。日光、干燥和一般化学消毒剂于短时间内即可杀灭。该菌对氟苯尼考、头孢拉啶、甲氧苄啶、头孢噻呋等抗菌药敏感。

（二）流行特点

不同年龄的猪均有易感性，以育肥猪群发病死亡较多；病猪是主要传染源，通过空气飞沫和病猪与健康猪接触传播。发病率和病死率通常在 50% 以上，哺乳猪的病死率可达 100%。老疫区的猪群发病率和病死率趋于稳定。

（三）临床症状

临床上可分为最急性型、急性型、亚急性型和慢性型。最急性型与急性型的共同症状为食欲下降或废绝、体温升高（40.5 ~ 41.5℃）、呼吸困难呈犬坐式、耳及体侧等处皮肤发绀。最急性型病猪死亡多发生在 24 ~ 36 小时内，死前从口鼻中流出大量带血的泡沫液体；亚急性型和慢性型通常由急性型转化而来，病猪体温不升高，有程度不等的间歇性咳嗽，食欲不振，增重缓慢，饲料转化率较低。

（四）病理变化

主要是不同程度的肺炎和胸膜炎，最急性型可见气管和支气管充满泡沫样血色黏液性分泌物；肺充血、出血，肺泡之间水肿，靠近肺门的肺部常见出血性或坏死性肺炎；急性型多为两侧性肺炎，纤维素性胸膜炎明显；亚急性型的由于继发细菌感染，致使肺炎病灶转变为脓肿，常与肋胸膜形成纤维性粘连；慢性型的则在肺隔叶见到大小不等的结缔组织坏死纤维素性结节，肺胸膜粘连，严重的与心包粘连。可伴发心内膜炎、关节炎和不同部位脓肿等病变。

（五）诊断

急性爆发期病猪根据典型症状与病变，可做出初步诊断。慢性病猪在外观上貌似健康猪，易与猪气喘病混淆，在两者混合感染时更难诊断，确诊需进行实验室诊断。从新鲜病死猪的支气管、鼻腔的分泌物及肺部病变区内可分离到病原菌。肺部病变区的涂片，革兰氏染色时可发现大量阴性球杆菌。生化鉴定的内容包括 CAMP 试验、脲酶活性以及甘露糖发酵等。其他实验室诊断方法包括补体结合试验（CF）、荧光抗体、血清特异抗体凝集试验、乳胶凝集试验、ELISA 等。

（六）综合防控措施

1. 预防

由于血清型较多，不同血清型菌株之间交叉免疫性不强，一般 5~8 周龄首免，2~3 周后二免，母猪产前 4 周进行免疫接种；猪群一旦发生本病，可能大多数猪已被感染，在尚无菌苗应用的情况下，可以对猪群普遍检疫，淘汰阳性猪；改善环境卫生，消除应激因素，保持畜舍干燥、通风，同时加强消毒，每周用 2% 火碱溶液消毒两次。

2. 治疗

常用治疗药物有青霉素、卡那霉素、链霉素及磺胺类药物；用药的基本原则是肌肉或皮下注射，每天 2 次，连用 3~4 天。

十三、猪支原体肺炎

猪支原体肺炎又叫猪气喘病，是由猪肺炎支原体引起的一种慢性、接触性呼吸道传染病。其特征是咳嗽和气喘，感染率高，死亡率低，但往往造成猪只生长发育迟缓，饲料转化率降低等，严重危害养猪业的健康发展。猪支原体肺炎容易导致其他病原的继发感染，引发猪呼吸系统疾病综合征，使得疫情变得更为复杂。因此，虽然其总体死亡率不高，但可严重影响猪场的经济效益。

（一）病原学

病原体为猪肺炎支原体，为软膜体纲、支原体目、支原体科、支原体属的成员。大小为 110~225nm，无细胞壁，显微镜下呈多种形态，有点状、环状、杆状、球状等。革兰氏染色阴性。对自然环境的抵抗力不强，圈舍、饲槽以及猪舍用具上的支原体，其生存时间一般不超过 26 小时。常用的消毒药，如 1% 的火碱溶液，20% 的草木灰等均可在数分钟内将其灭活。

（二）流行特点

本病一年四季均可感染，而尤以秋冬寒冷季节、多雨、潮湿及气候骤然变化之时多见。不同年龄、性别、品种的猪对该病均有易感性，猪和野猪最易感。主要是呼吸道传播。

（三）临床症状

发病初期临床症状不明显，一般平均潜伏期为 11 ~ 15 天。根据临床症状表现及发病经过可分为急性型、慢性型和隐性型 3 种类型。

急性型：主要见于新发猪群。各种年龄的猪均易感，以妊娠母猪和哺乳仔猪最为多发。病程为 1 ~ 2 周不等，病猪精神不振，食欲减退甚至废绝，呼吸困难，严重时呈腹式呼吸或犬坐姿势。死亡率较高。

慢性型：多见于老疫区架子猪、育肥猪和后备母猪。病程为 1 个月或几个月不等，病猪体温不高，常于清晨、晚间、运动或进食后发生咳嗽，严重时呈连续的痉挛性咳嗽。病期较长的猪，身体消瘦，被毛粗乱无光，生长发育停滞。一般不死亡。

隐性型：多见于老疫区，亦可由急性型或慢性型转变而成，临床症状不显著，容易被人们所忽视。

（四）病理变化

病变主要集中于肺脏、肺门淋巴结和纵膈淋巴结。特征性病变为肺脏膨大，有不同程度的气肿和水肿，双肺的心叶、尖叶和部分病例的膈叶前端出现肉样病变。病变部位呈淡灰红色或灰红色、半透明状、界线明显、指压无弹性、似鲜嫩的肌肉状，俗称"对称性肉变"。随着病程的延长，病变部位的颜色逐渐加深，呈紫色或深紫色，韧度增加，外观似胰脏样，俗称"胰变"或"虾肉样变"。肺门淋巴结和肺纵膈淋巴结显著肿大。

（五）诊断

根据流行病学、临床症状及病理变化可做出初步判断。确诊需进行实验室检测。血清学检测方法有间接血凝试验、补体结合试验和酶联免疫吸附试验等。病原检测方法有酶联免疫试验、聚合酶链式反应（PCR）等。病猪肺叶内侧区域的两心膈角部或心脏外围呈现不规则的云絮状渗出阴影。

（六）综合防治措施

1. 预防

目前，国内猪支原体肺炎活疫苗（168株）用于5～15日龄仔猪，只需免疫一次、一头份、肌肉注射；定期进行灭鼠、灭蝇、灭虫工作，最大限度地控制病原菌的传入和传播。尽量消除或减少各种应激因素，提高猪群抵抗力。一般的化学消毒剂均能杀灭肺炎支原体，广谱、挥发性较大、雾化程度高的消毒剂消毒效果更佳；坚持自繁自养，尽量不引进外来猪只，必须引进时，要严格隔离和检疫。推广人工授精，避免母猪与种公猪直接接触，保护健康母猪群，科学饲养，采取全进全出和早期断奶隔离技术，从整体上提高生物安全标准。

2. 治疗

泰乐菌素：每千克体重肌肉注射10毫升，每天两次，连用3天。注射治疗后，为了巩固效果再用磷酸泰乐菌素预混剂混饲，每吨饲料混入1千克，连续喂10天。

支原净：每吨饲料混入150克支原净和400克阿莫西林，连续用7～10天。

十四、猪破伤风病

猪破伤风病又称"强直症"和"锁口风"，是由破伤风梭菌引起的一种急性、中毒性人兽共患疾病。临床上以病畜骨骼肌持续性痉挛和对刺激反射兴奋性增高为特征。多发生于单蹄兽，猪、羊和牛次之，人对该病的易感性也较高。

（一）病原学

破伤风梭菌，又称强直梭菌。革兰氏染色阳性，大小为（0.5～1.7）微米×（2.1～18.1）微米，两端钝圆，有鞭毛，能运动，无夹膜，可形成芽孢，对外界环境的抵抗力较强。该菌为专性厌氧菌，其繁殖体的抵抗力不强，但芽孢的抵抗力极强，在土壤中可存活几十年，耐高温，煮沸1～3小时才能使其死亡。5%的石碳酸作用10～12小时，10%的碘酊或漂白粉溶液作用10分钟内可杀死芽孢。

（二）流行特点

多散发，无明显的季节性，各种品种、年龄、性别的易感动物均可发生。主要通过各种创伤感染。如猪的去势、断尾、断脐、剪牙、分娩或手术等，临床上以去势和断脐较为常见。各种家畜均有易感性，其中单蹄兽最易发生，猪常发生该病。

（三）临床症状

发病初期，病猪一般从头部肌肉开始痉挛，眼神发呆，牙关紧闭，流涎，采食、咀嚼和吞咽均缓慢而不自然。随后，病猪四肢硬直，强行驱赶时以蹄尖着地，全身肌肉呈强直性痉挛。病情严重时，病猪颈部强直，腹部蜷缩，背部僵直，有的倒卧不起并出现角弓反张症状。对外界刺激如触摸、声音、光或可见物的移动等反应非常激烈。病猪的体温、呼吸、脉搏通常无变化。如若不及时采取有效的治疗措施，病猪多因窒息或继发性肺炎而死。病程通常2～4天。

（四）病理变化

病猪死亡后检查，一般无明显的特征性病理变化。

（五）诊断

根据病猪的临床症状，如骨骼肌持续性痉挛，反射兴奋性增高，并有创伤病史（去势、断脐、断尾等），便可作出初步诊断。确诊本病可进行相关实验室检测。

直接涂片镜检：取创伤感染处的渗出液或病变组织，进行革兰氏染色，若发现单个存在，两端钝圆，革兰氏染色阳性的细长杆菌或似鼓锤状的芽孢即可确诊。

动物接种试验：采集创伤感染处的渗出液，培养于肝片肉汤中。经4~7天后滤过，将滤液接种小鼠，观察发病情况；或将病料（创伤分泌物或坏死组织）做成乳剂，注射于小鼠尾根部，经2~3天后可表现症状。或采集病畜全血0.5毫升，肌肉注射于鼠臀部，一般经18小时后，表现出全身肌肉呈强直性痉挛，即可确诊。

（六）综合防控措施

1. 预防

皮下接种破伤风类毒素，每头0.5~1毫升，3周后可产生免疫力，免疫期一年；对受伤猪只，应及时清理创伤伤口残留的异物、坏死组织等，并用3%的双氧水、1%的高锰酸钾、5%~10%的碘酊溶液进行消毒处理。同时对受伤猪只肌肉注射破伤风抗毒素，剂量为1 200~3 000IU/头。

2. 治疗

用3%过氧化氢或5%碘酊消毒创面。肌肉注射5 000~10 000IU的破伤风抗毒素；为缓解肌肉痉挛，可用25%硫酸镁4~10毫升/头，肌肉注射，每天1次，连用2~3天；为防止出现酸中毒可用5%碳酸氢钠溶液100~250毫升进行静脉注射。有采食困难的，可考虑饲喂易消化营养丰富的饲料和给予充足饮水。

十五、猪附红细胞体病

附红细胞体病是由附红细胞体寄生于猪等多种动物和人的红细胞表面或游离于血浆、组织液及脑脊液中引起的一种以贫血、黄疸、发热为主要临床特征的人兽共患病。猪附红细胞体病的病死率较高，给养猪业造成很大的经济损失，对公共卫生也存在一定威胁，应引起足够的重视。

（一）病原学

目前，国际上将其列分为立克次氏体目，无浆体科，附红细胞体属。猪附红细胞体大小为（0.25～1.30）微米×（0.5～2.5）微米。多数为环形、球形和卵圆形，少数呈顿号形和杆状。附红细胞体对干燥和化学消毒剂抵抗力弱，一般的消毒药均能杀死病原，如病原体在0.5%的石炭酸溶液中37℃、3小时即可被杀灭。对低温的抵抗力极强，5℃条件下可存活15天，在冰冻的血液中可存活13天。在加有15%甘油的血液中置于−79℃条件下可存活80天，冻干条件下可存活数年之久。

（二）流行特点

主要发生于温暖季节，尤其是高温高湿天气，冬季相对较少。对猪、马、羊、牛等多种动物及人均可引起感染及发病，各种阶段猪的感染阳性率达80%～90%。该病可通过昆虫传播、血源性传播、垂直传播、接触性传播等，其中吸血昆虫的传播是最重要的传播方式。

（三）临床症状

哺乳仔猪出现精神沉郁，皮肤苍白或黄染，哺乳减少或废绝，体温升高，贫血症状，四肢抽搐、发抖、腹泻、粪便深黄色或黄色粘稠，有腥臭味，部分很快死亡，死亡率为20%～90%不等。

母猪通常在进产房后3～4天或产后表现出来。急性发病时病猪厌食、体温升高（39.5～40℃），皮肤发白、干燥并脱皮，粪便干燥，有时拉稀，随着病情加重，尿液由淡黄色变为深黄色。病猪消瘦，眼圈发黑，耳朵和四肢内侧出现蓝紫色斑点或斑块。部分母猪乳房及阴部水肿。慢性感染时母猪黏膜苍白、黄疸、不发情或者延迟发情、屡配不孕等。如发生营养不良或混合感染其他疾病，可使症状复杂化，严重时可发生死亡。

（四）病理变化

主要为溶血性贫血与黄疸，血液凝固不良。病猪血液稀薄，呈淡红色，不易凝固。皮下组织水肿，胸腹腔及心包积水，心外膜和心冠脂肪出血黄染。肝脏肿大，质地变脆，呈土黄色。全身淋巴结肿大，潮红，黄染。脾脏肿大，呈暗黑色，有的脾脏有梗死灶或针尖大小的出血点。胆囊肿胀，充满胆汁。肾脏肿大，质软而脆，膀胱黏膜黄染并有少量出血点。严重感染者，肺脏发生间质性水肿。

（五）诊断

根据临床症状，如贫血、黄疸、发热以及血常规检查红细胞减少，白细胞增多等特征可作出初步诊断，确诊需结合实验室方法。常用的实验室诊断方法有：血涂片镜检、血清学检测、PCR 检测等。

（六）综合防控措施

1. 预防

加强检疫，杜绝引进附红细胞体病携带的种猪。人类同样也可以经血液、伤口、呼吸道和皮下注射等途径传播，因此兽医工作者、屠宰场工作人员、饲养员应加强自身防护。

2. 治疗

常用的治疗药物一般有抗生素类药物、抗血液原虫类药物。磺胺类药物、青霉素、链霉素等对本病几乎没有疗效。早期用药能有效地控制病情，如四环素疗法：每日每千克体重 15 毫克，每天两次，连续用 3~5 天，后改用投药于饲料中饲喂，连用 30 天，剂量为 1 吨饲料中加 600 克。用药的同时必须保肝利胆、促进造血，从而提高疗效，缩短病程。在病情严重的时，可结合对症治疗，如针对贫血症状，可在用药的同时肌注 VB_{12} 和内服硫酸亚铁。

十六、猪钩端螺旋体病

猪钩端螺旋体病也称细螺旋体病，是由钩端螺旋体类微生物引起的一种人兽共患传染病。临床表现形式多样，大多数呈隐性感染，少数急性病例表现发热，血红蛋白尿，贫血，水肿，黄疸，出血性素质，皮肤和黏膜坏死等。

（一）病原学

本病的病原为细螺旋体属的钩端细螺旋体。形态呈纤细的圆柱形，身体的中央有一根轴丝，螺旋丝从一端盘旋到另一端（12～18个螺旋），长6～20微米，宽0.1～0.2微米，细密而整齐。暗视野显微镜下观察，呈细小的珠链状，革兰氏染色阴性，菌体两端弯曲呈钩状，通常呈"C"或"S"形弯曲，运动活泼并沿其长轴旋转。常用的染色方法为姬姆萨氏染色和镀银染色。

钩端螺旋体能人工培养，但培养基的成分较特殊（如需含有兔血清或牛血清白蛋白、长链脂肪酸、维生素 B_1，与 B_{12} 的液体培养基等），最适 pH 值为 7.2～7.4，最宜生长温度为 28～30℃。长链脂肪酸可提供钩体的能量，以合成新的钩体。钩端螺旋体专性厌氧，氧化酶阳性，在暗环境中有些血清型钩体能存固体培养中生长，平均繁殖周期为 12 小时。

钩端螺旋体对干燥、冰冻、加热（50℃条件下 10 分钟）、胆盐、消毒剂、腐败或酸性环境敏感。常用的消毒剂，如高锰酸钾、过氧乙酸等均可将其杀死。能在温暖、潮湿的中性或稍偏碱性的环境中生存。

（二）流行特点

本病一年四季都可发生，但以夏、秋季多发，特别在雨季河水泛滥时会造成大流行。不同地区常呈现不同的流行形式，我国南方多于北方。家畜中猪、牛、羊、马均可感染和带菌，各种年龄的猪都可发病，但以仔猪较多。主要是通过皮肤、黏膜或经消化管食入而传染，也可通过交配和吸血昆虫叮咬而传播。此外，老鼠在本病传播流行中的作用不可忽视。

（三）临床症状

本病潜伏期 2 ~ 7 天，按临床症状可分为亚临床型、急性型、亚急性与慢性型三个类型。

亚临床型：这是大多数猪所表现的形式，主要见于集约化饲养的育肥猪，不表现临床症状，成为钩体携带者，血清中经常可检出钩体抗体。猪群感染率介于 30 ~ 70%，发病率、死亡率低。

急性型：多发于仔猪，特别是哺乳仔猪和保育猪，呈散发或爆发性流行，以结膜、皮肤等发生黄疸为特征。呈小型爆发或散在性发生，潜伏期 1 ~ 2 周。临床表现为突然发病，体温升高至 40 ~ 41℃，稽留持续 3 ~ 5 天，病猪精神不振，厌食，腹泻，结膜发黄，随后皮肤也发黄和干燥，出现全身皮肤和黏膜黄疸，后肢出现神经性无力，震颤。有的病猪出现血红蛋白尿。死亡率可达 50% 以上。

亚急性与慢性型：以损害生殖系统为特征。病初体温有不同程度的升高，眼结膜潮红、浮肿，有鼻漏，有的泛黄，食欲减退，有的下颌、头部、颈部和全身水肿。皮肤有的发红、痛痒或泛黄，尿呈茶样至血尿，粪时干时稀。母猪表现为发热、无乳，个别病例有乳腺炎发生，怀孕不足 4 ~ 5 周的母猪在感染 4 ~ 7 天后发生流产、死胎。怀孕后期母猪感染则产出弱仔猪，这些仔猪不能站立，移动时呈游泳状，不会吸乳，经 1 ~ 2 天即死亡。在波摩那型与黄疸出血型钩体感染所致的流产中，胎儿出现木乃伊化或各器官均匀苍白，出现黄疸，死胎常出现自溶现象。成年猪的慢性钩体病通常有轻微或不易察觉的临床症状。

（四）病理变化

急性型：以败血症、全身性黄疸、各器官组织广泛性出血以及肝细胞、肾小管弥漫性坏死为特征。鼻、乳房皮肤发生溃疡、坏死。可视黏膜、皮肤、皮下脂肪、浆膜、肝脏、肾脏以及膀胱等组织黄染和具有不同程度的出血。胸腔、心包腔积有少量黄色、透明或稍浑浊的液体。脾脏肿大、淤血，偶有出血性梗死。肝脏肿大，呈土黄色或棕黄色。肾脏一般瘀血、肿大，肾周围脂肪、肾盂、肾实质明显黄疸，肾皮质有出血点或出血斑。膀胱高度膨胀，积有血红蛋白尿或茶褐色尿，膀胱黏膜有散在的点状出血。肝、肾淋巴结肿大、充血、出血。

亚急性与慢性型：身体各部位组织水肿，以头颈部、腹部、胸部、四肢最明显。肝脏、肾脏、肺脏、心外膜出血。

成年猪慢性钩端螺旋体病，以肾脏的眼观病变最为显著，肾皮质出现散在性灰白色病灶，病灶周围可见到明显的红晕。有的病灶稍突出于肾表面，有的则稍凹陷，切面上的病灶多集中于肾皮质，有时蔓延至肾髓质区。病程稍长时，肾脏硬化，表面凹凸不平或结节状，被膜粘连不易剥离。剖检可见皮肤、皮下组织、浆膜和黏膜有不同程度的黄疸、贫血和出血，胸腔和心包有黄色积液。心内膜、肠系膜、膀胱黏膜出血。肝肿大呈褐黄色或土黄色，胆囊肿大，有瘀血，慢性病例有散在的灰白色病灶。

（五）诊断

若发现母猪怀孕后期流产，产下弱仔、死胎，仔猪黄疸、发热以及有较大仔猪与断奶仔猪死亡便应考虑猪钩端螺旋体的可能性。

确诊需结合微生物学和免疫学进行综合诊断。常用的实验室检查方法为：采集发热期患病猪的新鲜血液、无热期患病猪的尿液或脑脊髓液、病死猪的肾和肝组织，进行暗视野显微镜活体检查和染色检查，可见典型的呈螺旋状纤细菌体、两端弯曲呈钩状（检出率约60%）；进一步结合血清学试验便可确诊。目前，基层使用较多的为炭粉凝集试验和乳胶凝集试验。

（六）综合防控措施

1. 预防

大力开展捕鼠、灭鼠工作，防止饲料、水源被鼠类粪尿污染。疫苗免疫一般采用钩端螺旋体多价苗皮下或肌肉注射，15千克以下3毫升，15~40千克5毫升，40千克以上8~10毫升。

2. 治疗

本病的治疗以敏感抗生素为主，整群防治可采用链霉素、庆大霉素、四环素等药物。对发病猪每千克体重肌肉注射链霉素 15 ~ 20毫克，每日两次，连续注射 3 ~ 5 天；同时补以 25% 维生素 C 2 ~ 6毫升、10% 樟脑硫酸钠 2 ~ 6 毫升、含糖盐水 300 ~ 500 毫升，静脉注射，每日两次，连用 3 天。

十七、猪李氏杆菌病

猪李氏杆菌病是由产单核细胞李氏杆菌引起的一种人兽共患传染病。家畜和人患病后主要表现为脑膜炎、败血症和孕畜流产。本病常呈散发性，临床症状和病理变化不典型，易误诊为猪伪狂犬病、猪传染性脑脊髓炎和猪血凝性脑脊髓炎等。由于本病大多不通过疫苗进行预防，常被忽视，给不少养殖户造成了损失。

（一）病原学

本病的病原体是李氏杆菌，革兰氏染色阳性。菌体两端钝圆，稍有弯曲。有时呈弧形，多单在，有时排成"V"形或栅状。大小为（0.4 ~ 0.5）微米 ×（0.5 ~ 2.2）微米。无荚膜，不形成芽孢。对外界环境抵抗力较强，在青贮饲料、干草、干燥土壤和粪便中能长期存活。对盐碱的耐受性较大，10% 食盐溶液中仍可继续生长，潮湿的泥土中可能存活 11 个月以上。耐热，60 ~ 70℃ 可存活 30 分钟。本菌对青霉素有抵抗力，对链霉素、磺胺类药物和喹诺酮类药物敏感性强。常用的消毒药如 2% 的火碱，10% ~ 20% 的石灰乳和75% 的酒精可迅速将本菌杀死。

（二）流行特点

多发生于冬季或早春，有内寄生虫或沙门氏菌感染可促进该病的发生于流行。以幼猪和妊娠母猪较易感染。主要经消化道感染，还可通过呼吸道、眼结膜以及受损伤的皮肤感染。此外，吸血昆虫也是重要的传播媒介。

（三）临床症状

败血型：多见于仔猪，潜伏期为1~2天。体温显著上升，高达42℃，精神高度沉郁，食欲减少或废绝，粪便干燥，尿少，口渴。有的表现为全身衰弱、僵硬、咳嗽、腹泻、呼吸困难、皮疹、耳部和腹部发绀。后期体温下降至正常体温以下，多数仔猪也有脑膜炎症状。病死率较高。妊娠母猪感染后，常引发流产。

脑膜炎型：初期表现为意识障碍，运动失常，做圆圈运动，或无目的地行走，呈典型的观星状姿势。多数可见视力障碍，一些病例还表现为阵发性痉挛，口吐白沫，四肢呈游泳状运动。病猪体温升高，以后降至常温或常温以下，发病突然，大多表现脑膜炎症状。有的表现四肢麻痹，不能起立。仔猪多发生败血症，体温升高，精神极度沉郁，食欲减少或废绝；有的出现咳嗽、腹泻、呼吸困难，耳部和腹部皮肤发绀，死亡率高。

（四）病理变化

败血型：有败血症的特征，各脏器充血、出血，剖检可见肝脾肿大，心肌和肝脏有广泛性坏死和坏死灶，其次是脾、淋巴结、肺、胃肠道和脑组织可见到较小的坏死灶。

脑膜炎型：脑膜和脑实质充血、发炎和水肿。脑干，特别是脑桥、延髓和脊髓变软，有化脓灶。脑软膜瘀血，延脑断面灰黄色。心外膜有大片条状出血。肝脏有小坏死灶。

（五）诊断

根据临床症状病理变化和细菌学检查即可做出初步诊断，确诊要进行显微镜检查和细菌分离与培养等实验室检查。临床上要注意与猪伪狂犬病、乙型脑炎等疾病区别。猪伪狂犬病除母猪繁殖障碍、哺乳仔猪出现神经症状之外，剖检还可发现脏器表面有小坏死点。猪乙型脑炎多发生于夏秋季节，母猪出现流产、死胎、木乃伊胎，公猪一侧睾丸肿大。具体进行鉴别诊断还须进行实验室检测。

（六）综合防控措施

1. 预防

目前尚无有效的疫苗用于该病的预防，主要通过综合的措施来预防本病的发生。另外，在日常免疫或治疗过程中，相关人员需做好自身防护，注意饮食卫生。

2. 治疗

猪只患病后要可采取抗菌消炎、强心补液的方法进行治疗。具体方法有：链霉素，10毫克/千克、复方新诺明0.2克/千克肌注，2次/天；氨苄青霉素，4～12毫克/千克；20%磺胺嘧啶10毫升，同时用25%硫酸镁10毫升肌注，2次/天，连用3天。

十八、猪结核病

结核病是由分枝杆菌引起的多种动物的一种慢性、结节性疾病。该病通常感染人、野生动物和家养动物、家禽和野鸟等，但该病可以在几乎所有的脊椎动物和某些冷血动物发生。

（一）病原学

猪结核病的病原体是禽型结核杆菌、牛型结核杆菌和人型结核杆菌。结核杆菌是一种纤细的小杆菌，为需氧菌，在pH值6.0～8.0时均能生长，最适生长pH值6.5～6.8。最适生长温度为37～37.5℃。结核杆菌因含大量的脂类，抵抗力较强，对于干燥的抵抗力特别强。在干燥痰液、病变组织和尘埃内能存活2～7个月。在阴暗处能存活数周，对直射日光较敏感。痰内细菌经照射0.5～2小时后死亡。结核杆菌对紫外线、湿热敏感。

（二）流行病学

人和多种动物都可感染，主要是通过消化道感染，偶尔发生呼吸道感染。由于分枝杆菌对环境有显著抵抗性，被污染的物品可以长期对猪群造成威胁。

（三）临床症状

潜伏期一般为 10 ~ 45 天，长的可达数月。通常为慢性经过，病初症状不明显。猪的局灶性结核病常发生于下颌、咽、颈、肠系膜和肺门淋巴结，多由禽型结核菌所引起，症状多不明显。腹腔器官发生结核时，猪的体重减轻，消瘦，发育停滞，精神不振，有的出现气喘、咳嗽等相应病状。

（四）病理变化

尸体外观消瘦，结膜苍白。猪的局灶性结核病，病灶呈黄白色干酪样，大小不一，从针头大至鸡蛋大，新鲜的结节四周有红晕，陈旧的多钙化。若为禽型结核，则淋巴结肿大坚硬，无化脓灶，断面呈肿瘤样。如果为牛型或人型结核杆菌，病灶周围容易分离，钙化显著，病灶分布稀疏。

（五）诊断

当猪只发生不明原因的渐进性消瘦、咳嗽、肺部异常、慢性乳腺炎、顽固性下痢、淋巴结慢性肿胀等症状时，可作为疑似本病的依据。但仅根据临床病变症状难以得到确诊，须进行实验室检测方能确诊，变态反应学诊断、细菌学诊断、血清学检查（酶联免疫吸附试验、凝集反应、琼脂扩散反应、沉淀反应、补体结合反应）等。动物结核病检疫技术规范（SY/T 1310—2011）规定了动物结核病的结核菌素皮内变态反应实验、细菌学检查、实时荧光聚合酶链式反应和常规聚合酶链式反应检测方法的技术要求。

（六）综合防控措施

1. 预防

建立和完善现代生物安全体系，建立对猪群健康有利的生态环境，通过加强管理、营养、环境控制等措施，搞好消毒、隔离和防疫等工作，增强猪群整体抗病水平，阻断病原在猪群间的传播和流行。结核病为人兽共患病，密切接触牲畜及其产品的人员，应做好个人防护。每年定期对饲养人员做结核病的筛查工作，患结核病的病人禁止饲养和接触猪群。

2. 治疗

本病以净化为主，定期对猪群进行结核病检测，一旦发现结核病病猪应立即扑杀。

十九、猪渗出性皮炎

猪渗出性皮炎是由金黄色葡萄球菌和猪葡萄球菌引起哺乳仔猪和断奶仔猪的一种急性传染病。临床上常出现全身油脂样渗出，因此又称仔猪"油皮病"，是一种人兽共患病。

（一）病原学

猪葡萄球菌是该病的主要病原。圆球形，形似葡萄串状排列，不形成芽孢和荚膜。革兰氏染色阳性，在固体培养基上常形成橙黄色、柠檬色或白色的菌落。葡萄球菌多数为非致病菌，少数可导致疾病，如金黄色葡萄球菌、表皮葡萄球菌、溶血性葡萄球菌、猪葡萄球菌等。对猪危害较大的为金黄色葡萄球菌和猪葡萄球菌。

（二）流行特点

本病没有明显的季节性，但饲养、卫生条件差等环境因素均可促进本病的发生与流行。主要通过破损的皮肤和黏膜传播还可经消化道和呼吸道传播，1~4周龄和断奶后至6周龄的仔猪多发，而较大龄或成年猪感染后多呈慢性型。局部出现病变后，通常于24~48小时蔓延至全身，并常见同窝仔猪同时发病。

（三）临床症状

发病初期，可见仔猪皮肤发红，有红褐色斑点，随着病情的发展，红斑扩散至全身各处，斑点变大，并发展为水疱或脓疱。常发生于猪的脸颊、鼻梁、口部、后背以及四肢腋下等处。急性病例常在 3～5 天内死亡，多数病猪在 6～10 天后死亡。耐过猪恢复缓慢，发育迟滞。成年猪发病较轻。

（四）病理变化

尸体消瘦、脱水、外周淋巴结水肿，有的病猪出现心包炎、胸膜炎和腹膜炎，肝脏土黄色、质脆易碎，肠道空虚，肠壁变薄，脾脏和肾脏轻微肿大，个别猪只出现化脓性肾炎的病理变化，关节液浑浊，带有纤维素性渗出物。

（五）诊断

猪渗出性皮炎的初步诊断可以根据临床症状、动物年龄和眼观的病理变化来判断。确诊必须经过实验室诊断。方法如下。

涂片镜检：无菌采取病变部位的渗出液或死亡猪只的肝脏、脾脏等器官，直接涂片，用革兰氏染色后镜检，若发现圆形，单个、成对或三个连在一起的葡萄串状的革兰氏阳性菌，即可确诊。

细菌培养：将无菌采集的病料接种于血液琼脂培养基上，37℃条件下培养 24 小时。若细菌生长旺盛，菌落呈灰白色，且菌落周围有显著的溶血环。40℃条件下培养数天后，菌落呈淡黄色即可确诊。

血清学检查、凝集试验：将标准单克隆血清与待检菌各 1 滴在载玻片上混匀，若出现凝集反应即可确诊；免疫扩散试验，在中央孔加入标准血清，周围孔加入待检菌液，若有沉淀带产生即可确诊。

（六）综合防控措施

1. 预防

免疫预防是控制该传染病的有效手段，目前市场上尚未出现正规的疫苗。加强猪群的饲养管理，合理调配饲料。产房要严格实行"全进全出"的饲养管理制度。在母猪产仔前 2～3 天，全面清理扫圈舍，消毒液对圈舍进行彻底消毒。仔猪出生后 2 周内，要特别注意防止仔猪发生外伤。消除产床上的一切尖锐物品，防止划伤仔猪皮肤。避免仔猪争斗、踩伤等情况的发生。

2. 治疗

金黄色葡萄球菌耐药性很强，要认真选用抗生素预防与治疗，否则无效；可用板蓝根注射液（每千克体重 0.1 毫升）加头孢噻呋钠（每千克体重 5 毫克），混合肌注，每日 1 次，连用 4 次；也可用金根注射液（金银花、板蓝根），每头哺乳仔猪 4 毫升，加恩诺沙星（每千克体重 2.5 毫克），混合肌注，每日 1 次，连用 3 ~ 4 次。在实施上述治疗方案时，要配合使用口服补液盐与葡萄糖水加排疫肽（含有 5 种高免球蛋白）混合口服，每日上下午各 1 次，连用 3 天。防止仔猪脱水，调节体内水盐平衡，提高仔猪的免疫力，可明显降低其病死率。

·寄生虫病·

一、猪弓形虫病

猪弓形虫病是一种由刚地弓形虫引起的世界性分布的人兽共患寄生虫病。弓形虫能够感染几乎所有的温血动物。近年来我国生猪规模化饲养进程快速推进，加之犬、猫等宠物饲养数量倍增，无形中构成了猪弓形虫病的适发环境，严重威胁着人类和动物的健康。

（一）病原学

弓形虫病由刚地弓形虫引起。弓形虫又名弓形体、弓浆虫、毒浆虫，是一种单细胞寄生原虫。1908 年发现于鼠和兔体内。50 年代，于恩庶在我国的福建省发现本病的病原体。弓形虫是一种重要的人兽共患病病原，寄生在除红细胞外的几乎所有有核细胞内。环境中的卵囊有较强的抵抗力，可以污染食物和水，世界上几次暴发流行的弓形虫病都是由卵囊污染环境引起。

（二）生活史

弓形虫在其全部生活史中可出现 5 种不同的形态，包括速殖子、包囊、卵囊、裂殖体、裂殖子。弓形虫的整个生活史包括有性生殖和无性生殖两个阶段。发育过程需要 2 个宿主。猫属动物是弓形虫的终末宿主。弓形虫对中间宿主的选择不严，许多动物可以作为中间宿主，已知动物就有 200 多种，包括鱼类、爬行类、鸟类、哺乳类（包括人）。在猫的肠上皮细胞内，进行裂殖生殖，重复几次裂殖生殖后，形成大量的裂殖子，末代裂殖子重新进入上皮细胞，经过配子生殖，最后形成卵囊。卵囊随粪便排出体外，在外界适宜的温度、湿度和氧气条件下，经过孢子化发育为感染性卵囊。动物吃了猫粪中的感染性卵囊或吞食了含有弓形虫速殖子或包囊的中间宿主的肉、内脏、渗出物和乳汁而被感染。

（三）流行特点

该病的易感动物很多，高达 200 余种。发病的季节性不明显，一般在夏季较为多发。病人、病畜和带虫动物为主要传染源，其唾液、痰、粪便、尿液、乳汁、腹腔液、眼分泌物中均含有猪弓形虫病的滋养体。多通过消化道、呼吸道、损伤的皮肤及眼结膜侵入动物体内。此外，母猪也可通过胎盘或初乳垂直传播感染胎儿或仔畜。

（四）临床症状

急性病例：潜伏期 3～7 天，高热稽留，体温上升达 40～42℃，精神沉郁，食欲减退或废绝。便秘或腹泻。呼吸困难、咳嗽气喘，呕吐。结膜潮红，眼分泌物增多，呈粘性或脓性。体表淋巴结肿大，尤以腹股沟淋巴结肿大显著。皮肤出现紫红色瘀血斑块，尤见于下肢、耳、鼻、尾等部位，甚至大面积发绀。侵害脑则有神经症状——极度兴奋或有转圈运动，最后昏迷死亡。病程数天至半月。怀孕母猪感染后经胎盘侵害胎儿则引起流产、死胎或胎儿畸形。

亚急性病例：潜伏期 10～14 天或更长，症状似急性病例，但较轻，病程亦缓慢。

慢性病例：临床上常不易察觉。亦有隐性感染和病愈后的带虫者，特别在老疫区较明显。

（五）病理变化

急性病例全身淋巴结肿胀，切面湿润并呈髓样肿胀，灰白色或淡红色，切面外翻，多汁，或见灰白或灰黄色坏死灶。肝、肺和心脏等器官肿大，并有出血点和坏死灶。肠道重度充血，肠黏膜上常可见扁豆大小的坏死灶。肠腔和腹腔内有多量渗出液。

慢性感染的病理变化主要在脑内见有包囊。

（六）诊断

根据临床症状、病理变化和流行病学特点，结合实验室病原和血清学检查对猪弓形虫病进行确诊。

1. 镜检虫体

将可疑动物或尸体组织、体液涂片、触片、切片、压片等查虫体。

活体可检查腹水、淋巴结穿刺液中的滋养体或有核细胞内的快殖子。

病死后可检查肺门淋巴结、脑、心、肝、肺等脏器或腹水中的慢、快殖子及滋养体。

2. 动物接种及分离虫体

无菌采集可疑病料进行组织研磨、过滤，腹腔内接种小鼠或家兔，盲传2～4代，每代一周，最后剖杀，取腹水、血液检查虫体。

近年来，以 PCR 为基础的分子生物学检测因其高敏感、迅速、廉价越来越受到欢迎。其他实验室常用的诊断方法有直接或间接凝集试验、ELISA 及胶体金标记免疫层析等。

（七）综合防控措施

1. 预防

加强引种检疫，对引进的种猪先进行隔离检疫，观察是否有弓形虫感染的症状，防止养殖场引进弓形虫病；定期进行弓虫病的血清学检查，发现血清学抗体阳性猪只应及时隔离、治疗或淘汰；禁止用屠宰废物和厨房垃圾、生肉汤水喂猪，防止猪吃到患病和带虫动物体内的滋养体和包囊；严格处理好流产胎儿及病猪的排泄物，病死猪一律焚烧、深埋处理，病猪舍用百毒杀或3% 火碱的喷洒消毒。

注意个人公共卫生，养成良好的饮食卫生习惯，饭前洗手；日常饮食要注意生熟分开，猪肉需严格烹饪熟透后食用，不食生食品，不饮生水；避免直接接触病畜的分泌物、排泄物，工作时要穿雨鞋、带手套等。

2. 治疗

弓形虫病的治疗以化学药物为主。对猪弓形虫病，一般可用磺胺类药物与抗菌增效剂合用。常用的配方有：磺胺嘧啶（70 毫克/千克）＋TMP（14 毫克/千克），每天两次口服，连用3～4 天；或用磺胺－6－甲氧嘧啶（60～80 毫克/千克）＋TMP（14 毫克/千克），每天 1 次口服，连用 4 天。

二、猪蛔虫病

猪蛔虫病是猪蛔虫寄生于猪小肠内而引起的一种寄生虫病。该病繁殖力强，流行较为普遍，不仅影响猪体的生长发育，严重的还可引起死亡，给养猪业造成了较大的经济损失。新近的研究表明，猪蛔虫也可感染人。目前，世界卫生组织（WHO）已将猪蛔虫病纳入人类公共卫生范畴。

（一）病原学

猪蛔虫属于蛔虫目，蛔科，蛔属的一种大型线虫。虫体长而圆，表皮光滑，虫体中间稍粗，两端较细。头端有三片唇，唇片内缘各有一排小齿。雄虫长 15～25 厘米，尾端向腹面弯曲，形似鱼钩。雌虫长 20～40 厘米，虫体较直，尾端稍钝。猪蛔虫病对外界环境和化学药品的抵抗力较强，但虫卵对温度较为敏感，在温度为40～50℃的环境下，其生存时间往往不超过 30 分钟。

（二）生活史

猪蛔虫发育不需要中间宿主。刚产出的虫卵随宿主粪便排至外界，在适宜的环境（28～30℃）中发育为感染性虫卵阶段。被猪吞食后，在小肠内孵化。多数幼虫随血液通过门静脉到达肝脏。少数随肠淋巴液进入乳糜管，到达肠系膜淋巴结，由腹腔钻入肝脏，或者由腹腔再入门静脉进入肝脏。幼虫在肝内进行第二次蜕皮，变为第三期幼虫。又随血液穿破毛细血管进入肺泡。幼虫在肺内进行第三次蜕皮已能用肉眼看到。第四期幼虫离开肺泡，进入细支气管和支气管，再上行到气管，随黏液到达咽部，再经食道、胃返回小肠进行第四次蜕皮，变为成虫（雄虫和雌虫）。自感染性虫卵被猪吞食，到达猪小肠内发育为成虫，约需 2～2.5 个月。如果宿主不再感染，大约第 12～15 个月，可将蛔虫排尽。

（三）流行特点

带虫猪是主要的传染来源，健康猪多因采食了被虫卵污染的饮水，饲料或舔食被其污染的母猪体表、乳房，而受到感染。猪蛔虫病的传播和繁殖能力较强。猪蛔虫病的流行与饲养管理和环境卫生有关，在饲养管理不良，卫生条件恶劣和猪只过于拥挤，营养缺乏，特别是饲料缺少维生素和矿物质的情况下，2～6 个月龄的仔猪最容易大批感染蛔虫。

（四）临床症状

猪蛔虫病的临床表现，视猪只年龄、营养状况、感染强度以及幼虫移行和成虫寄生致病的程度不同而有所不同。2～6 个月龄的仔猪遭受感染后，幼虫会迅速入侵其体内活动，对猪的各个器官组织造成损害，特别是损害猪的肺脏与肝脏。成年猪有较强的免疫力，不会出现明显的临床症状。但大多数因胃肠机能遭受破坏，常有食欲不振、磨牙和生长缓慢等现象。

当幼虫移行至肺脏，仔猪表现咳嗽，体温升高，呼吸加快，食欲减退。严重感染者可出现呼吸困难、心跳加快、呕吐流涎、精神沉郁、多喜卧、不愿走动，可能经 1～2 周好转或逐渐虚弱，导致死亡。肠道有成虫大量寄生时，病猪主要表现营养不良、消瘦、贫血、被毛粗乱、食欲减退或时好时坏，同时表现异食癖。患猪生长极为缓慢，增重明显降低，甚至停滞成为僵猪。更为严重时，由于虫体机械性刺激损伤肠黏膜，可出现肠炎症状，病猪表现拉稀，体温升高达 40℃ 左右。如肠道被阻塞后，可出现阵发性痉挛疝痛症状，甚至由于造成肠破裂而死亡。如虫体钻进胆管，病猪开始表现下痢，体温升高，食欲废绝，表现剧烈腹痛，烦躁不安，之后体温下降，卧地不起，四肢乱蹬，滚动不安，再后趴地不动而死亡。如持续时间较长者，可视黏膜可呈现黄疸。少数病猪可呈现过敏现象，皮肤出现皮疹，或表现出痉挛性神经症状。

（五）病理变化

幼虫在移行期多表现为肺炎病变，肺组织的表面呈现许多暗红色斑点或者出血点，在其肺部能够看到许多幼虫；肝表面呈现大小不一的白色斑点。当猪只小肠当中存在大量的成虫时，能够看见肠黏膜呈现炎症、溃疡或者出血。

（六）诊断

先普遍检查，如果发现仔猪消瘦贫血，生长停滞，成为僵猪，初期发生肺炎症状者，应怀疑为蛔虫病。

对可疑病猪应采用下列方法进行确诊：

（1）粪便检查：用漂浮法发现蛔虫卵及成虫即可确诊。

（2）剖检：在蛔虫病初期，呈现肺炎病变，肺组织变得致密，表面出现大量出血点，呈暗红色，肺内有大量的猪蛔虫幼虫。成虫大量寄生时，会引起肠黏膜的卡他性炎症。肠破裂时伴发腹膜炎和腹腔内出血。剖检几头病猪或死猪，在体内找到虫体即可确诊。

（七）综合性防治措施

1. 预防

（1）规模养殖场采取四阶段网上育成猪的饲养方式，可以避免和减少此病的感染。

（2）加强预防性驱虫工作，每年春、秋两季各进行一次全面驱虫；散养户养猪对 2~6 个月龄的仔猪，断奶后驱虫一次，以后每隔 1.5~2 个月再驱虫 1~2 次。

（3）保持猪舍和运动场的清洁卫生；粪便堆积发酵处理。

2. 治疗

（1）应用驱虫净（四咪唑）15～20mg/kg 体重，配成 5% 水溶液灌服或混于饲料喂服，皮下注射 10mg/kg 体重。

（2）丙硫苯咪唑（丙硫咪唑）5mg/kg 体重，配成悬浮液灌服或混料喂服。

三、猪球虫病

猪球虫病是球虫寄生于猪肠道上皮细胞内所引起的一种原虫病。常见于仔猪，一般为良性经过；但若大量感染时，病猪出现下痢，食欲下降，消瘦等症状，临床上以小肠卡他性炎为特征。成年猪多为带虫者，不断排出病原体，为本病的传染源。

（一）病原学

本病是由寄生在猪肠上皮细胞的艾美耳属球虫和等孢属球虫引起，一般为数种球虫混合感染而发病，其中以狄氏艾美耳球虫对猪的致病力最强。球虫卵囊呈椭圆形或球形，大小为（11～36）微米 ×（13～29）微米。

卵囊对外界环境有较强的抵抗力，一般的消毒液不易杀死它。

（二）生活史

球虫寄生于猪的小肠，属于直接发育型，不需要中间宿主，包括三个发育阶段：当猪吞食了孢子化卵囊，在小肠内孢子从孢子囊中逸出，一但侵入肠上皮细胞进行裂殖增殖；反复进行若干代后，开始进行有性的配子生殖，大小配子结合成合子；合子外壁增厚成为卵囊后随粪便排出体外，在适当的温度、湿度下进行孢子化，形成孢子化卵囊（侵袭性卵囊）。

（三）流行特点

猪球虫病多发于春末和夏季。患病猪和带虫猪是该病的感染来源。成年猪是球虫病病原的携带者，多呈周期性排毒。各品种的猪均易感，其中以哺乳仔猪的发病率最高。突然改变饲料、过于拥挤以及卫生条件恶劣可显著提高其发病率。有些条件稍差的猪场，母猪群的感染率教高。30~75 日龄的仔猪多呈急性发作。

（四）临床症状

猪球虫感染以水样或脂样的腹泻为特征。病猪主要表现腹泻，持续 4~6 天。病猪排黄色或灰白色粪便，恶臭，初为黏液，12 天后排水样粪便，导致仔猪衰弱、脱水、失重。耐过的仔猪生长发育受阻。成年猪多不表现明显症状，成为带虫者。在伴有传染性胃肠炎、大肠杆菌和轮状病毒感染情况下，往往造成死亡。

（五）诊断

需结合流行病学、临床症状进行综合分析。确诊需做粪便检查，可采用饱和盐水漂浮法或小肠刮取物涂片镜检的方法，若发现卵囊即可作出诊断。

（六）综合防控措施

1. 预防

成年猪应与仔猪分开饲养，仔猪哺乳前要将母猪的乳房擦拭干净，哺乳后母猪、仔猪要及时分开。经常打扫猪舍，并及时收集猪粪进行堆积发酵处理，以杀灭猪球虫卵囊，每周用3%~5%热碱水或5%漂白粉溶液对地面、猪栏、饲槽、饮水槽等进行消毒一次。栏舍最好用火焰喷灯进行消毒，防止母猪排出卵囊。在污染的猪场，在产前和产后15日内的母猪饲料中，用氨丙啉、氯苯胍等抗球虫药拌料，可预防仔猪感染。仔猪使用5%百球清口服液（甲苯三嗪酮），按20毫克/千克体重，5日龄1次给药效果最佳。

2. 治疗

（1）氨丙啉，15~40毫克/千克，每天服用1次，连用5~6天。

（2）氯苯胍，30 毫克/千克体重，拌料 4 天，病猪可停止腹泻。

（3）5%的百球清口服液（甲苯三嗪酮）按 0.4 毫克/千克体重，经口 1 次灌服即可。

（4）林可霉素，每天每头猪 1 克混饮，连用 21 天。

以上治疗方法可任选 1 种进行治疗，但对脱水严重的病猪应结合补液治疗，并加入维生素 C、维生素 B 等，以增强其抵抗力，提高治愈率。

四、猪旋毛虫病

旋毛虫病是由旋毛形线虫、成虫寄生于肠管、幼虫寄生于横纹肌而引起的一种寄生虫病。本病是猪、狗、猫、鼠等许多动物和人都感染的的一种重要人兽共患病。除危害猪体造成经济损失外，对人的危害更大，严重感染可致人死亡。所以国家非常重视本病的防治工作，列为肉食品检验的主要疫病之一。

（一）病原

旋毛虫成虫头细尾粗，寄生于终末宿主的小肠，称为肠旋毛虫。雄虫比雌虫小。雄虫大小为 1.4 ~ 1.6 毫米，雌虫为 3 ~ 4 毫米，卵大小为 40 微米，并在雌虫子宫内孵化。幼虫长 1.15 毫米，以包囊状出现在肌纤维间，外观呈椭圆形。包囊两端稍尖，囊内有蜷曲的旋毛虫幼虫。

旋毛虫具有极强的抵抗力，在腐败的肉中能存活 120 天。这些腐肉若被易感性动物食入即可感染旋毛虫。幼虫对低温的抵抗力很强，－20℃条件下可保持生命力 57 天。

（二）生活史

成虫与幼虫寄生于同一宿主。猪因摄食了含有包囊幼虫的动物肌肉而感染，包囊在宿主胃内被溶解，释放出幼虫。幼虫到十二指肠和空肠内，约经 2 昼夜变为性成熟的肠旋毛虫。交配后不久，雄虫死去，雌虫于肠腺和黏膜下发育，于感染后 7～10 天幼虫产出，一条雌虫可产 1 000～10 000 条幼虫。雌虫在肠黏膜中寿命不超过 5 周。幼虫经肠系膜淋巴结进入胸导管，再到右心，经血液循环，被带至全身各处，但只能在横纹肌内才能进一步发育。幼虫在活动量较大的肋间肌、膈肌、舌肌和嚼肌中较多。幼虫在刚产出时呈圆柱状，在感染后 21 天开始形成包囊，包囊内的幼虫呈螺蛳状盘绕，充分发育的幼虫已具感染性，并有雌雄之别。约 6 个月后，囊壁增厚，囊内发生钙化，包囊钙化并不意味着包囊内幼虫死亡，除非幼虫本身发生钙化。

（三）流行特点

猪感染旋毛虫主要是由于摄入了含有猪肉屑的未煮熟的泔水及垃圾（即用垃圾饲养的猪）；或是误食了死鼠或被其他腐烂动物尸体污染的青草所致。我国猪的旋毛虫感染与猪的饲养方式密切相关，市郊的小养猪场多以未煮熟的含有猪肉屑的泔水喂猪，感染率较高，而规模化猪场则主要以颗粒食料喂猪，感染率相对较低。

（四）临床症状

病程长短因感染程度不同而异，但大部分患病猪病程较长，约延续 1.0～1.5 个月，旋毛虫的包囊形成后症状不明显，对猪的致病力轻微。当大量感染时，主要表现为：体温升高、疝痛、泻痢，有时呕吐。幼虫侵袭到肌肉时产生类风湿性肌肉痛、肌肉发炎、肌肉肿胀和硬结。患病猪叫声嘶哑，甚至发不出声音，咀嚼吞咽疼痛。病猪很快消瘦，由于呼吸困难而呈现浅表呼吸，长时间躺卧不动，四肢伸展，有时呈现眼睑和四肢水肿。重症感染者约 12～15 天即可死亡。

（五）诊断

本病生前诊断困难，旋毛虫所产生的幼虫不随粪便排出，因此粪检不适用于本病。

常用的屠宰检查方法有肉眼观察和显微镜观察两种。

肉眼观察：撕去膈肌的肌膜，将膈肌肉缠在检验者左手食指第二指节上，使肌纤维垂直于手指伸展方向，再将左手握成半握拳式，借助于拇指的第一节和中指的第二节将肉块固定在食指上面，随即使左手掌心转向检验者，右手拇指拨动肌纤维，在充足的光线下，仔细视检肉样的表面有无针尖大半透明乳白色或灰白色隆起的小点。检完一面后再将膈肌翻转，用同样方法检验膈肌的另一面。凡发现上述小点可怀疑为虫体。

显微镜观察：取膈肌，剪成麦粒大小的小块共 24 块，并列排在玻璃压定板内压薄，然后用低倍镜观察。若观察到梭形囊或钙化的旋毛虫即可确诊。

（六）综合防控措施

1. 预防

加强宣传工作，肉煮熟后再食用，做好饮具卫生。

禁止泔水喂猪，做好猪舍内防鼠灭鼠工作，严禁饲喂动物尸体。

加强肉品卫生检疫工作，严禁将旋毛虫病害猪肉、狗肉及其他动物肉食上市。

2. 治疗

目前，尚未开展对猪旋毛虫病治疗工作。对人治疗、多采用噻苯咪唑，每天 25~40 毫克/千克体重。分 2~3 次口服，5~7 天为 1 疗程。可杀死成虫和幼虫。

五、猪鞭虫病

猪鞭虫病又称猪毛首线虫病，是毛首线虫寄生于猪盲肠而引起的体内寄生虫病。本病一年四季均可发生，但夏季感染率最高，是长期以来一直影响养猪生产的一个普遍问题。该病在规模化饲养的猪及散养的猪中均会发生，尤其是在一些卫生消毒条件较差和疏于管理的中小规模猪场更易发生，造成的损失也较大。

（一）病原学

虫体为乳白色，前部细长，后部短粗，外观极似马鞭，故称鞭虫。虫卵呈棕黄色，腰鼓状，卵壳厚，两端有塞。由于有厚厚的卵壳保护，鞭虫虫卵的抵抗力极强，可在土壤中存活5年。多寄生于猪和野猪的盲肠，也寄生于人和其他灵长类动物。

（二）生活史

成虫在盲肠中产卵，卵随粪便排到外界，在适宜的温度和湿度下，约经3~4周发育为感染性虫卵，为第一期幼虫。虫卵随饲料及饮水被宿主吞食，幼虫在小肠内脱壳而出，8天后移行到盲肠和结肠并固着在肠黏膜上，1个月后发育为成虫，成虫的寿命为4~5个月。

（三）流行特点

猪鞭虫主要感染保育仔猪，断奶至3个月龄的仔猪，特别是3~4个月龄的猪粪便中的虫卵数和感染检出率均较高。虫卵随粪便排出体外，健康猪只多通过采食饲料、饮水摄入有感染性的虫卵，在猪小肠和盲肠中孵化发育，掠夺猪体营养，抑制猪对常在菌的黏膜免疫力，引发坏死性、增生性结肠炎，导致患猪死亡。温暖、潮湿、通风不良的环境，有利于虫卵的发育和传播，其感染力达数年之久。

（四）临床症状

轻度感染时症状不明显，仅表现为生长发育迟缓。严重感染时患病猪表现为减食，体温升高，可达39.8~40.5℃；精神不振，行动迟缓，喜欢伏卧，体形消瘦，全身苍白；喜饮脏水，出现腹泻，排出水样稀粪便，味恶臭，后期粪便带有血丝、部分呈棕红色，腹泻多数呈顽固性，肠黏膜脱落随粪便排出；最后病猪因呼吸困难、身体脱水、极度衰竭而死亡。

（五）病理变化

剖检病死猪的病理变化主要在肠道，表现为肠道中有大量虫体，盲肠及结肠黏膜充血、出血、水肿、糜烂，肠腔内有大量黏液。肠黏膜呈淡红色，其表面布满乳白色针样虫体，用清水冲洗肠黏膜表面粪便后可见虫体，其一端钻入肠黏膜，另一端外露，虫体前部细长，后部短粗形似"马鞭子"。心肌松软、苍白，肝、脾有不同程度的萎缩和变性；胸、腹腔内有较多的淡黄色渗出物，肺脏部分有点状出血、尖叶和心叶实变。

（六）诊断

根据临床症状和病变基本可以作出诊断。若用抗生素治疗无效，结合剖检病理变化则应考虑是鞭虫感染。为确诊可采用漂浮法进行虫卵检查：称取 10 克左右病猪粪便，放入适量饱和盐水，搅匀，过滤，静置半小时后，蘸取表面液膜放于载玻片上，加盖进行镜检，若观察到很多腰鼓形，棕黄色，两端有卵塞的虫卵，便可以确诊是鞭虫感染。

（七）综合防控措施

1. 预防

认真做好每批猪出栏后的清洗消毒工作，保持猪舍的清洁干燥；粪便集中堆放发酵，做无害化处理，及时对猪舍的地面、墙壁、饲槽、饮水器具等进行消毒；对猪舍内外的沟渠及环境进行清理、消毒。消毒液可用复合碘溶液，药液的浓度为3%；定期做好灭鼠、灭蚊蝇工作，控制场内野猫进出，禁养与猪无关的动物；若猪场存在发生猪鞭虫病的风险，应进行预防性投药。公母猪每三个月一次、断奶猪在进保育舍前一周、育肥猪在进育肥舍前一周，都要在饲料中添加伊维菌素-芬苯哒唑预混剂来预防猪鞭虫病的发生。

2. 治疗

可选用伊维菌素-芬苯哒唑预混剂，饲料中加入 500 克/吨，连用 5 ~ 7 天进行治疗；同步用广谱抗生素氟苯尼考配合治疗，饲料中加入 100 克/吨，连用 5 ~ 7 天，以减少细菌感染引起并发症；另在饲料中加入 300 ~ 500 克/吨多种维生素，增强猪的体质。

六、猪姜片吸虫病

猪姜片吸虫病是由布氏姜片吸虫寄生于猪、人小肠内引起的一种寄生虫病，也是一种重要的人兽共患病。本病对人和猪的健康有明显的损害，可以引起贫血、腹痛、腹泻等症状，甚至引起死亡。

（一）病原学

本病是由片形科姜片属的布氏姜片吸虫寄生于人和猪的小肠引起的寄生虫病。虫体宽大肥厚，似斜切姜片。成虫（20 ~ 75）毫米 ×（8 ~ 20）毫米。姜片吸虫的新鲜虫体为肉红色，经过固定后变成灰白色。前端有一较小的口吸盘；腹盘距口盘近，呈大漏斗状。较口盘大 4 ~ 5 倍，肉眼可见。无头椎和肩部。两条盲肠弯曲向后达虫体后端，无小分枝。生殖孔开口在肠管分叉后方、腹盘前方纵中线上。布氏姜片吸虫对外界环境的抵抗力较强，但对干燥及阳光弱。

（二）生活史

成虫寄生于人、猪、犬、野兔的小肠，以十二指肠最多；中间宿主为扁卷螺、半球多脉扁螺（最多见）、大脐圆扁螺、尖口圆扁螺和凸旋螺（感染率最低，但广布）。成虫寿命 12 ~ 13 个月。

（三）流行特点

猪姜片吸虫病主要分布于我国长江流域和南方各省。我国南方一些地区以水浮莲和假水仙等水草为猪饲料，猪吞食附有囊蚴的水生植物便可被感染。多发生于夏末和秋初。由于虫卵、幼虫的发育和中间宿主的活动、繁殖，一般需 27 ~ 32℃ 的气温，水生植物的生长、繁殖也是夏季最旺盛，所以人和猪遭到姜片吸虫大量感染多在夏季。该病主要危害幼猪，以5~8月龄感染率最高。

（四）临床症状

轻者病猪症状不显著。大量寄生时，病猪精神沉郁、食欲不振、消瘦、贫血、眼睑和腹下水肿、发育滞缓。由于肠黏膜受损，病猪出现腹痛、腹胀，腹泻。少数可因衰竭、虚脱、肠堵塞、肠套叠、肠破裂而致死。

（五）病理变化

主要表现为小肠炎症。病猪肠壁变薄，肠道黏膜表皮损伤、发炎、出血、肿胀甚至糜烂、脱落，有出血点或脓肿。

（六）诊断

根据流行病学、发病情况、病理变化并结合病原虫检查（水洗沉淀法检查粪便中虫卵的含量或剖检肠道内发现虫体）即可确诊。

（七）综合防控措施

1. 预防

（1）消灭中间宿主：每年秋、冬两季通过挖塘泥晒干积肥杀螺；低洼地区或塘水不易排干时，可采用化学药物灭螺，用50毫克/千克的硫酸铜或0.1%的生石灰，灭螺时间选在5—6月，即在螺已大量繁殖，而姜片吸虫尾蚴尚未发育成熟之前将螺灭掉。

（2）加强粪便管理：养猪场应建立贮粪池，猪粪应堆肥发酵，杀死虫卵后，再作肥料。

（3）定期驱虫：每年对猪进行两次预防性驱虫，可减少传染源。驱虫后的粪便应集中处理，达到灭虫、灭卵的要求。目前常用的驱虫药有：硫双二氯酚、吡喹酮、硝硫氰胺。

2. 治疗

吡喹酮：剂量为30~50毫克/千克体重，混在精料中饲喂；敌百虫：剂量为 0.1 毫克/千克体重，混在少量精料中饲喂，宜在早晨空腹时喂给，隔日一次，两次为一疗程。如有流涎、肌肉震颤等副作用时，可用硫酸阿托平解毒；硝硫氰胺：剂量为 3～6 毫克/千克体重，拌在料中一次喂服。

七、猪食道口线虫病

猪食道口线虫病又称结节虫病，是由有齿食道口线虫和长尾食道口线虫寄生在猪的结肠里而引起的一种线虫病。

（一）病原学

食道口线虫的口囊呈小而浅的圆筒形，其外周围有一显著的口领。口缘有叶冠。有颈沟，其前部的表皮常膨大形成头囊。颈乳突位于颈沟后方的两侧。有或无侧翼。雄虫的交合伞发达，有 1 对等长的交合刺。雌虫阴门位于肛门前方附近，排卵器发达，呈肾形。虫卵较大。猪食道口线虫的虫卵抵抗力较强，在相对湿度为 48%～50%，平均温度为 11～12℃ 的条件下，可生存 60 天以上，但不耐低温，在低于 9℃ 时，虫卵即停止发育。

（二）生活史

雌虫在猪大肠内产卵，虫卵随粪便排出体外，经两次蜕皮后发育成为带鞘的感染性幼虫，猪经口吞食后在大肠下形成结节，感染后 6～10 天幼虫在结节内再次蜕皮成为四期幼虫，之后返回肠腔经第四次蜕皮成为五期幼虫，感染后 38 天（幼猪）或 50 天（成猪）发育成成虫。

（三）流行特点

猪食道口线虫的感染来源主要为病猪或带虫猪，病猪多因吞食了含有猪食道口线虫感染性幼虫的饲料或饮水而被感染。各种年龄、性别的猪均可感染，其中成年猪被寄生的数量较多。

（四）临床症状

一般情况下，临床症状并不显著。严重感染时，病猪粪中带有脱落的黏膜，表现为腹泻、腹痛、高度消瘦，发育障碍。继发细菌感染时，则发生化脓性结节性大肠炎。

（五）病理变化

大肠（或回肠）黏膜有数量不等的结节，局部肠壁增厚，黏膜充血，肠系膜肿胀。

（六）诊断

肉眼观察粪便发现成虫即可确诊或用饱和盐水漂浮法检查粪便进行确诊。用竹签挑取黄豆大小（约1g）粪便置于盛有少量饱和盐水浮聚瓶内，将粪便充分捣碎搅匀后，加饱和盐水至瓶口，用竹签挑取浮于水面的粪渣，再慢慢加饱和盐水至稍高于瓶口而不溢出为止。在瓶口轻轻覆盖一载玻片，注意勿使产生气泡；如有较大气泡，应揭开载玻片加满饱和盐水后再覆盖之。静置15分钟后，将载玻片提起并迅速翻转，置镜下观察，发现结节虫卵即可确诊。

（七）综合防控措施

1. 预防

搞好圈舍卫生，保持干燥。保持饲料和饮水的清洁，避免被幼虫污染。对猪粪进行堆积发酵，杀灭虫卵，并做好定期驱虫工作（每年春、秋各进行一次预防性驱虫）。

2. 治疗

硫化二苯胺（吩噻嗪）：每千克体重0.2~0.3克，混于饲料中喂服，间隔2~3天后再服用1次，共用2次。

四咪唑每千克体重0.02克，拌料喂服。

敌百虫：每千克体重0.1克，口服。

八、猪类圆线虫病

类圆线虫病是由兰氏类圆线虫和粪类圆线虫寄生于仔猪的小肠和大肠内而引起的一种线虫病，该病主要侵害 1 ~ 3 月龄的仔猪。可引起严重的小肠炎。病猪消瘦、生长缓慢，感染严重时可引起死亡。本病呈世界性分布，但在温热带地区较为严重。

（一）病原学

病原为兰氏类圆线虫。只有孤雌生殖的雌虫寄生，成虫虫体长 3.3 ~ 4.5 毫米，乳白色。雌虫深埋于消化道黏膜内，主要是小肠黏膜隐窝内。子宫与肠道互相缠绕成麻花样。尾尖偏钝，呈指状。虫卵大小为（42 ~ 53）微米 ×（24 ~ 32）微米，卵圆形、壳薄。感染性幼虫对干燥和各种消毒药的抵抗力较弱，短时间内便可死亡，温暖和潮湿的环境更加有利于其发育和存活。

（二）生活史

类圆线虫的发育史以自有生活和寄生生活交替的方式进行。雌虫产出的虫卵随粪便排出体外，经 12 ~ 18 个小时孵化出杆虫型幼虫。此时若外界环境条件适宜，杆虫型幼虫发育为自由生活的成虫，自由生活的雌虫和雄虫即转化为丝虫型幼虫，即可通过口或皮肤进入仔猪体内，随血液循环到肺，再随气管中的黏液到达咽部，最后随之进入小肠中发育为孤雌生殖的寄生性雌虫。

（三）流行特点

猪类圆线虫主要侵害仔猪，出生后 5 ~ 8 天的仔猪粪便中便可检出虫卵，1 月龄左右感染最为严重（感染率可达 50%），2 ~ 3 月龄后感染逐渐减少。主要经口感染，母猪乳头被感染性幼虫污染时，仔猪可因哺乳而被感染。此外，在圈舍中的幼虫还可经皮肤感染仔猪。

（四）临床症状

本病主要侵害仔猪，少量寄生时症状不明显，但影响仔猪的生长发育。虫体大量寄生时，小肠发生充血、出血和溃疡，其症状为消化障碍、腹痛、下痢，便中带血和黏液，最后多因极度衰弱而死亡。

（五）病理变化

幼虫穿过皮肤移行到肺时，剖检可见支气管炎、肺炎和胸膜炎症状。病理变化主要限于小肠，肠黏膜充血，点状或带状出血和糜烂性溃疡。肠内容物恶臭。

（六）诊断

可根据猪场的生产和用药记录、流行病学调查、粪便检查、临床症状和病理变化等多方面因素进行综合诊断。可采集新鲜粪便通过饱和盐水漂浮法检查虫卵，陈旧的粪便可采用贝尔曼法分离幼虫。剖检时，在小肠内发现成虫即可确诊。

（七）综合防控措施

1. 预防

幼猪与母猪、病猪和健康猪应分开饲养。粪便应在固定场所进行堆积发酵。保持圈舍清洁、干燥、通风，并经常应用石炭酸、3%~5%火碱或石灰乳消毒地面。对感染猪及时进行驱虫。怀孕母猪和哺乳母猪可在产前4~6天给母猪应用阿维菌素类药物进行驱虫，以防感染幼猪。

2. 治疗

伊维菌素：每千克体重0.2~0.3毫克，皮下注射。

左噻咪唑：每千克体重10毫克，溶于水或混于饲料中喂服。

在进行驱虫药物治疗时，还可采取"强心、补液"等辅助性治疗措施。

九、猪囊虫病

猪囊虫病是由猪囊尾蚴（猪囊虫）寄生于猪只肌肉中所引起的一种寄生虫病。人们俗称患囊虫病猪的肉为"米猪肉"。该病是一种重要的人兽共患病，是肉品卫生检验的重要项目之一，患此病的猪肉不能做鲜肉出售，严重的需销毁，给养猪业造成了严重的经济损失。世界动物卫生组织（OIE）将其列为 B 类动物疫病，我国将其列为二类动物疫病。

（一）病原学

成虫为猪带绦虫，亦称有钩绦虫或链状带绦虫，呈带状，扁平，虫体长 2~5 米，700~1 000 个节片。幼虫为猪囊尾蚴或猪囊虫，半透明空泡，形如黄豆，大小为（6~10）毫米×（3~5）毫米，囊内充满液体，囊壁上含一个由囊壁向内嵌入的白色米粒样头节，头节上有 4 个吸盘和两列角质小钩。

（二）生活史

成虫为猪带绦虫，寄生于人的小肠内，从虫体上脱落的孕卵节片随粪便排出体外，部分由于外力或机械作用破裂，虫卵散出，猪食入被节片或虫卵污染的饲料或饮水而感染。在胃肠液的作用下，经过 1~3 天，六钩蚴破壳而出，随血流到达猪体的各个部位，经 2~3 个月发育为具有感染能力的囊尾蚴。人吃了未煮熟的囊虫病猪肉或误食了含有囊虫头节的生冷食品后被感染，在胃肠液的作用下，其囊壁被消化，经 50 天左右发育成成虫。

（三）流行特点

猪是本病的易感动物，无明显季节性。主要感染来源是有钩绦虫病人的粪便。边远地区农村无厕所、猪无圈舍或厕所与猪圈连接、肉品检疫不严等因素是此病的主要传播和流行环节。人吃了未煮熟的囊虫病猪肉或误食了粘有囊虫头节的生冷食品可感染有钩绦虫病，当人感染有钩绦虫后，可随粪便排出大量节片，这种粪便或被这种粪便污染的饲料被猪吞食后，就能感染猪囊虫病，甚至引起多头猪患本病。

（四）临床症状

猪患本病后，多数不表现明显临床症状。严重感染时，可观察到猪的臀肌、咬肌明显隆起，肩甲增宽、增厚，对外界触摸非常敏感，并且还伴有短促、嘶哑的咳嗽，如果病情非常严重，采用器械对病猪的舌肌进行检查，会观察到病猪舌头的根部以及两侧存在米粒大小的凸起物。

（五）病理变化

剖检病猪，切开其四肢肌肉、舌肌、咬肌以及心肌等部位后，可见半透明以及黄豆大小的包囊，并且膜内有乳白色结节、囊壁为一层薄膜、囊内充满液体。

（六）诊断

当前多采用"一看""二摸""三检"的方法进行综合诊断。

一看猪的臀肌、咬肌，如有明显隆起，肩甲水肿、增宽、增厚；二摸舌面、舌下、舌根部，如有囊虫结节；三检胴体肌肉，如有半透明及黄豆大小的包囊，包囊内有乳白色结节、囊壁为一层薄膜、囊内充满液体即可确诊。

（七）综合性防治措施

1. 预防

（1）开展防治猪囊虫病的科普宣传，使边远地区农村做到厕所与猪圈分开，目前大部分地区农村经济水平提高，生活卫生习惯改变，并且养猪规模化步伐加快，基本切断了此病的流行环节。

（2）加强肉品检疫检验，认真贯彻国家相关法律法规，加强宰后检验环节和检疫监督，按规定处理病害肉。

（3）加强公共卫生意识。注意个人卫生，不吃生的或未煮熟的猪肉，生、熟分开；严格执行肉品卫生检验制度，定点屠宰，集中检疫，对感染猪囊虫的猪肉做无害化处理。

2. 治疗

治疗药物可选择：吡喹酮 60 ~ 100 毫克/千克体重，共服用 3次。用药后若出现体温升高、沉郁、食欲减退、呕吐，重者表现卧地不起、肌肉震颤、呼吸困难等副作用时，可注射高渗葡萄糖来缓解症状。丙硫苯咪唑 60 ~ 100 毫克/千克体重，共服用 3 次。

十、猪细颈囊尾蚴病

猪细颈囊尾蚴病是由带科泡状带绦虫的幼虫阶段——细颈囊尾蚴所引起的。主要影响猪只的生长发育，存在大量感染时，部分猪只可因肝脏严重受损而导致死亡，给我国养猪业造成了巨大的经济损失。

（一）病原学

猪细颈囊尾蚴的幼虫虫体俗称"水铃铛"，呈囊泡状，大小如豌豆至鸡蛋大不等，囊壁乳白色，囊内含透明液体和 1 个乳白色头节。猪细颈囊尾蚴的成虫为泡状带绦虫，体长 1.5 ~ 2 米，由 250 ~ 500 个节片组成，颜色为黄白色。

（二）生活史

猪细颈囊尾蚴的成虫主要寄生于犬、狼和狐等动物的小肠内，含有虫卵的妊娠节片随粪便排出体外，污染饲料、饮水等。中间宿主猪、羊等动物吞食虫卵后，在消化道内逸出六钩蚴，钻入肠壁血管并随血流移行至肝脏、肠系膜和网膜等部位，后发育成为细颈囊尾蚴。

（三）流行特点

猪感染囊虫病多半是由于猪只的散养、连茅圈或人的粪便管理不严等，造成猪吃到有钩绦虫病人粪便中的孕节或虫卵，从而引发感染。人感染有钩绦虫病多半是由于肉品卫生检疫制度执行不严，或是吃了生的或是半生不熟的带有活的囊虫病的猪肉而被感染。猪囊虫病和人有钩绦虫病具有紧密的联系，它们既相互促进，又相互制约，这种感染方式的循环，在我国部分农村较为常见。

（四）临床症状

轻度感染时一般不表现临床症状。大量寄生时可以引起猪只消瘦衰弱，腹部膨大，严重感染时，六钩蚴在肝脏移行时，损伤肝组织，引起肝炎，进入腹腔时可引起局限性腹膜炎。有急性腹膜炎时，体温升高并有腹水，按压腹壁有痛感，腹部体积增大。病猪虚弱、消瘦、腹泻、腹痛、黄疸和体温升高，影响生长发育。个别仔猪突然大叫后倒毙。

（五）病理变化

急性发病时，可见肝肿大，表面粗糙并有散在出血点，肝实质中有虫体移行的孔道。幼虫寄生在腹腔、胸腔时，可引起腹膜炎和胸膜炎，腹部膨大，腹腔出血，伴有腹水。

（六）诊断

细颈囊尾蚴生前不易诊断，目前多通过进行尸体剖检或者屠宰检疫发现细颈囊尾蚴来确诊。屠宰后检查深腰肌、肩胛外侧肌和股部内侧肌等部位，若肉眼可见的米粒或黄豆大小、乳白色椭圆形或圆或卵圆形乳白色半透明的包囊，囊内充满无色液体，即可确诊。

（七）综合防控措施

1. 预防

应用猪囊尾蚴虫苗进行免疫接种可从根本上预防猪囊尾蚴病。感染有泡状带绦虫的病犬应及时用药驱虫，驱虫后的虫体、粪便和垫草应集中烧毁处理。驱虫可用吡喹酮每千克体重5～10毫克或丙硫咪唑每千克体重 15~20 毫克，一次内服。对圈舍，料槽及工具定期（每月 1 次）用3%~5%的火碱水进行消毒，以杀灭虫卵。

2. 治疗

吡喹酮，每千克体重 50 毫克口服，每天 1 次，连用 2 天。

十一、猪胃线虫病

猪胃线虫病是由旋尾目吸吮科似蛔属的圆形蛔状线虫（螺咽胃虫）、有齿蛔状线虫、泡首属六翼泡线虫、西蒙属的奇异西蒙线虫和颚口科颚口属的刚刺颚口线虫和陶氏颚口线虫（致病颚口线虫）寄生于胃内而引起的一种线虫病。主要特征为急、慢性胃炎及胃炎后继发的代谢紊乱。

（一）病原学

圆形似蛔线虫，虫体淡红色，咽壁为螺旋形嵴状角质增厚，故称螺咽胃虫。雄虫长 10~15 毫米，雌虫长 16~22 毫米。有齿蛔虫线虫，雄虫长 25 毫米，雌虫长 55 毫米。六翼泡首线虫雄虫长 6~13 毫米，雌虫长 13~22.5 毫米。奇异西蒙线虫雄虫长 12~15 毫米，雌虫长 15 毫米。刚刺鄂口线虫，新鲜虫体淡红色，表皮菲薄，可透见体内白色生殖器官，头部膨大呈球状，虫体全身长有小棘。雄虫长 15~25 毫米，雌虫长 22~45 毫米。陶氏颚口线虫，雄虫长 10~12 毫米，雌虫长 16~20 毫米，全身生有小棘。

（二）生活史

圆形似蛔线虫的虫卵随粪便排出体外，被中间宿主食粪甲虫所吞食。幼虫便在其体内经过 20 天的发育，达到感染期。猪吞食后而被感染，虫体在猪体内的寿命约 10.5 个月。

六翼泡首线虫的发育史与似蛔状线虫相似。其中间宿主也为食粪甲虫，猪在吞食这些含有感染性幼虫的食粪甲虫后而感染，在猪体内幼虫钻入胃黏膜生长，约经 6 周发育为成虫。

鄂口线虫的中间宿主为剑水蚤，猪多因吞食含有感染性幼虫的剑水蚤而被感染。此外，猪还可因吞食鱼类、两栖类和爬行类等贮藏宿主而感染。幼虫到达胃内后，头部侵入胃壁逐渐发育为成虫。

（三）流行特点

各种年龄的猪都可以感染，但主要是仔猪、架子猪和哺乳母猪受感染的多。病猪多因吞食中间宿主或含有包囊的贮藏宿主的饲料或饮水而被感染。多发生于受污染的潮湿牧场、饮水处、运动场和圈舍，果园、林地、低湿地区等。

（四）临床症状

少数寄生时无异常，严重感染时，病猪多表现为急性或慢性胃炎症状。病猪精神沉郁，贫血，发育迟缓，营养不良，时有下痢，排粪发黑或混有血色。

（五）病理变化

幼虫侵入胃腺窝时，引起胃底部点状出血，胃腺肥大。成虫可引起慢性胃炎，黏膜显著增厚，并形成不规划的皱褶。胃内容物少，胃黏液增多，寄生部位的黏膜红肿，上有黄色伪膜，严重感染时，多在胃底部发生广泛性溃疡，溃疡向深部发展形成胃穿孔。

（六）诊断

用沉淀法检查粪便中的虫卵，结合临床症状和病理变化（剖检可发现大量虫体）即可确诊。取 5 克粪便，按 1 : 10 比例加水搅拌、混合，使用二层纱布进行过滤，静置 10 ~ 15 分钟后，弃去上层液体，在沉渣内加入清水，再静置 10 ~ 15 分钟，如此反复冲洗，直到上清液透明为止。用毛细吸管吸取沉渣置于载波片上镜检，若发现虫卵即可判为阳性。

（七）综合防控措施

1. 预防

做好猪舍的清洁卫生，每日清扫粪便，并进行堆积发酵，不让猪只饮用含有剑水蚤的水；根据甲虫活动季节，每年进行定期的预防性驱虫2次，减少环境污染；猪舍周边环境、墙边、墙角和猪场进出口处要经常撒布生石灰。

2. 治疗

可用磷酸左旋咪唑，每千克体重8~10毫克，一次口服。伊维菌素，每千克体重0.3毫克皮下注射。或每千克体重服用敌百虫0.1克，连服2天。还可选用左咪唑、氯氰碘柳胺等。

十二、猪疥癣病

猪疥癣病又叫螨虫病，俗称疥疮、癞皮病。是由疥癣虫寄生在猪的皮肤内所引起的一种慢性皮肤寄生虫病。该病的主要特征是皮肤出现发炎、严重瘙痒、脱毛，影响猪只的生长发育，给养猪业造成了较大的经济损失。

（一）病原学

猪疥癣病的病原是疥螨科疥螨属的猪疥螨虫，成虫呈微黄白色，腹部扁平，背面隆起，虫体如同龟形。虫体的头、胸和腹部融合在一起。幼虫长0.11~0.14毫米，形态与成虫类似，但只有一对脚，雄虫长0.22~0.33毫米，宽0.16~0.24毫米，雌虫长0.33~0.50毫米，宽0.28~0.35毫米。

（二）生活史

猪疥螨的发育过程包括虫卵、幼虫、若虫和成虫四个阶段。疥螨在宿主的皮肤内挖掘隧道，并在隧道内进行繁殖。雌螨在隧道内产卵，每天排卵1~2个，一生大约可产40~50枚卵，排卵完毕后，雌虫死亡。卵经3~7天孵化出幼虫。幼虫离开母螨的隧道后，重新通过毛囊钻进皮肤内，形成小的隧道，再经 3 ~ 5 天后幼虫进入休眠状态并脱皮变为具有 4 对腿的若虫。若虫钻入新的隧道，经过 5 ~ 7 天和二次脱皮后，变成成虫。

（三）流行特点

病猪和带虫猪是疥癣病的主要传染源。各种年龄、性别、品种的猪只均可发生本病。其传播方式主要是接触感染，被螨及其卵污染的圈舍、用具、工作人员的衣物等在本病的传播过程中起着重要作用。

（四）临床症状

病猪皮肤出现炎症反应，严重骚痒，初期先在头部、颊部、耳根和眼窝处发生病变，之后逐渐扩散到全身。由于严重瘙痒，病猪会在粗糙的物体上（如圈舍的圈门、墙面、栏柱等）进行擦痒，并在皮肤上形成结节，结节或水疱破烂后，流出黄色液体，干后形成痂皮，而后猪毛脱落，患部皮肤增厚，密布"糠麸样"厚痂，形成皱褶。随着结痂病变的消退，多数猪出现过敏性皮肤丘疹，丘疹多出现在臀部、腰窝和腹部。

（五）诊断

最简单的方法是刮取耳部癣痂，用 10% KOH 或 NaOH 消化结痂，然后用低倍镜检查，若果观察到不同发育阶段的疥螨，便可确诊。

在猪只病变皮肤部位用手术刀片刮取皮屑或者用镊子夹取外耳结痂状物，放置在载玻片上，之后滴加 2 ~ 3 滴 50% 的甘油生理盐水，充分混合后盖上盖玻片，放于 400 倍的显微镜下进行观察，如果能够看到大量活动的螨虫以及虫卵，便可确诊。

（六）综合防控措施

1. 预防

买猪只时应仔细检查，先作预防处理，再混入健康群；严禁接触犬、猫等宠物，减少猪只与其接触机会，切断传播途径；保持猪舍宽敞、干燥，清洁通风；病猪尸体进行深埋或焚烧，粪尿做堆积发酵处理，禁止用作肥料；用火焰喷射圈舍场地、墙壁、墙角，然后用3%~5%的氢氧化钠溶液连续喷雾消毒4天，每天早晚各一次；水槽、食槽等用具放于5%碘伏溶液中进行洗刷，接着再用清水冲洗干净，彻底杀灭虫卵、幼虫及成虫。

2. 治疗

剪去患处和健康处周围的毛，用温肥皂水进行清洗，擦干后用0.5%~1%的敌百虫水溶液涂擦患处，2天1次，连用3~5次。也可用阿维菌素或伊维菌素，按每千克体重300毫克的剂量，一次性颈部皮下注射。

十三、猪虱病

猪虱病是由猪血虱寄生在猪的体表而引起的一种寄生虫病。猪血虱终身均寄生于猪体表，对猪危害较大。

（一）病原学

猪血虱是虱目虱亚目血虱科血虱属的成员。猪血虱背腹扁平，椭圆形，表皮呈革状，呈灰白色或灰黑色，虫体体长可达5毫米。卵呈长椭圆形，黄白色，大小为（0.8~1.0）毫米×0.33毫米，有卵盖，上有颗粒状小突起。若虫酷似成虫，个体较小，腹部较短，生殖器未发育成熟。

（二）生活史

猪血虱的发育过程包括卵、若虫和成虫3个阶段。雌、雄虱交配后，雄虱死亡，雌虱经过2~3天后开始产卵，1昼夜产卵1~4个。产卵时能分泌一种胶状液，使卵黏着于猪毛上。卵经13~15天孵出若虫，开始吸血，若虫分3期，经3次蜕化后变成成虫，自卵发育到成虫大约需要3~4周的时间。

(三) 流行特点

猪血虱主要通过直接接触传播。多通过健康猪与患病猪的相互接触，虫卵、若虫或成虫落到或爬到健康猪体上可引起猪只感染。此外，也可通过被虱卵、虫体或若虫污染的饲养工具、料槽、垫草、墙壁等感染。

(四) 临床症状

猪血虱多寄生于猪腋部、大腿内侧以及耳郭后方。病猪增重缓慢，多有痒感，不安心采食和休息，痒感剧烈时多因擦痒造成被毛脱落和皮肤损伤，毛囊、汗腺、皮肤腺遭到破坏，严重时可引起皮肤炎症。

(五) 诊断

经常擦痒不安，检查耳根、颌腋间、股内侧可发现椭圆形，背腹扁平的灰白色或灰黑色猪虱，毛上黏附有椭圆形，黄白色的猪虱卵。检查猪体表，尤其耳壳后、四肢内侧等部位皮肤和近毛根处，找到虫体或虫卵即可确诊。

(六) 综合防控措施

1. 预防

猪舍内要保持良好的通风，经常打扫圈舍，保持圈舍干燥，及时清除粪便；定期检查猪群，重点观察其耳根、下颌、腋下及大腿内侧有无猪血虱；做好灭鼠工作，猪舍用具要经常消毒；规模化猪场可使用伊维菌素制剂定期对猪群进行驱虫。

2. 治疗

0.5%～1%的敌百虫水溶液喷洒或药浴1～2次；伊维菌素或阿维菌素每千克体重皮下注射0.3毫克；双甲脒0.025%～0.05%涂擦或喷洒患部，7～10天后重复一次；溴氰菊酯或敌虫菊酯乳剂喷洒猪体。

第一章
中毒病

一、氢氰酸中毒

氢氰酸中毒是由于生猪采食富含氰苷的饲料，在体内水解生成氢氰酸引起的，以呼吸困难、黏膜鲜红、肌肉震颤、全身惊厥等组织性缺氧为特征的一种中毒病。口服氢氰酸致死量为 0.7～3.5 毫克/千克；吸入的空气中氢氰酸浓度达 0.5 毫克/升即可致死；口服氰化钠、氰化钾的致死量为 1～2 毫克/千克。本病多发于牛和羊，少发于马、猪、犬等单胃动物。

（一）病因

木薯、高粱及玉米的新鲜幼苗、亚麻子、豆类、蔷薇科植物中含有氰苷，当饲喂过量时，可引起中毒，而氰苷本身是无毒的。含有氰苷的植物在动物采食咀嚼时，有水分及适宜的温度条件，经植物的脂解酶的作用，产生氢氰酸。导致动物中毒的物质是氰离子。

（二）中毒机理

氰化物的毒性主要决定于其在动物体内代谢过程中析出氰离子（CN^-）的速度和数量。进入机体的氰离子能抑制细胞内许多酶的活性，其中最显著的是迅速与氧化型细胞色素酶的三价铁（Fe^{3+}）牢固地结合，难以被细胞色素还原为还原型细胞色素酶（Fe^{2+}），结果失去了传递电子、激活分子氧的作用。抑制了组织细胞内的生物氧化过程，呼吸链终止，阻止组织对氧的吸收作用，导致组织缺氧症。动脉血液和静脉血液含氧量几乎相同，因而颜色都呈鲜红色。中枢神经系统对缺氧特别敏感，而且氢氰酸在类脂质内溶解度较大，所以中枢神经系统首先受害，尤以血管运动中枢和呼吸中枢为甚，临诊上表现为先兴奋，后抑制，并有严重的呼吸麻痹现象出现。

（三）临床症状

氢氰酸中毒发病很快，一般吃食后 15～20 分钟突然发病，表现为呼吸急促，张嘴，伸颈，瞳孔放大，流涎，腹部有痛感，时起时卧，异常不安，可视黏膜鲜红，皮肤发红。病猪很快由兴奋转为抑制，呼出气有苦杏仁味。继之全身极度衰弱无力，站立行走不稳，或卧地不起，体温下降。严重者很快失去知觉，后肢麻痹，眼球突出，瞳孔散大，呼吸微弱，脉搏细弱，排尿，痉挛，牙关紧闭。昏迷后头颈向一侧腹下弯曲，很快昏迷而死亡。

（四）病理变化

氢氰酸中毒病畜死后的尸体血液鲜红色，凝固不良，尸体不易腐败。气管、支气管黏膜有出血点，口腔有带血泡沫等。肺水肿或充血。胃内充满气体，有未消化的饲料，并发出特殊臭气。

（五）诊断

根据发病情况、病状及病理解剖，特别是病猪呼出的气体有苦杏仁味、血液呈鲜红色等典型症状，可作初步诊断。但是由于病程较短，典型症状不一定会出现，确诊还需要进行毒物化验。

1. 苦味酸试纸预试法

将滤纸浸在苦味酸饱和溶液中，取出后阴干备用。使用时，在10% 的碳酸钠溶液中浸泡。将 20～30 克被检样品置于三角烧瓶中，加水 50 毫升搅拌成粥状，再加 10 毫升 10% 的酒石酸调节至酸性。将装有苦味酸性试纸塞上，在沸水上加热 30 分钟。若有氢氰酸存在，试纸呈现橙红色。

2. 快速普鲁蓝法

将被检样品加水 5～10 毫升调成糊状，置于三角烧瓶中，加10% 的酒石酸调制成酸性，瓶口加盖滤纸。在滤纸中心滴一滴新配制的硫酸亚铁及一滴氢氧化钠，小火缓慢加热三角烧瓶。数分钟后，气体上升，在滤纸上再滴加 10% 的稀盐酸，若样品中有氰化物存在，则滤纸中心呈蓝色。

（六）综合防控措施

1. 预防

用含氰苷的饲料（嫩高粱苗、玉米苗等）喂猪时，一定要限量，并和其他饲料搭配。先将饲料放于流水中浸渍 24 小时，氰苷在 40~60℃ 条件下容易分解成氢氰酸，调制饲料时要敞开器皿，并加适当的醋，让氢氰酸在酸性环境下挥发。

2. 治疗

中毒往往很快发生死亡，必须及早抢救。生猪发病后立即用亚硝酸钠 0.1~0.2 克配成 5% 的溶液，静脉注射。随后注射 5%~10% 硫代硫酸钠溶液 20~60 毫升。严重时可再用 0.1% 的高锰酸钾液洗胃，酌情使用强心、输液等抢救措施。

二、猪有机磷农药中毒

有机磷农药具有强大的杀虫效力，但对人畜毒性很大，猪有机磷农药中毒是由于猪采食了喷洒过农药的青绿饲料，误食或接触农药所致，以体内胆碱酯酶活性受抑制，出现神经机能紊乱为特征。有机磷农药种类较多，引起家畜中毒的有硫磷酸酯的甲拌磷（3911）、对硫磷（1605）、内吸磷（1059）等；强毒类有敌敌畏、甲基内吸磷、乐果等；低毒类有敌百虫、马拉硫磷等。

（一）病因

猪发生有机磷中毒主要有以下几种可能：①农村散养户给猪饲喂了被农药污染的饲料、饮水或毒饵。②使用敌百虫进行驱虫时操作不规范或剂量过大所引起中毒；治疗猪疥癣病时，被其他猪误食而导致中毒。③购买了使用有机磷农药防虫的玉米等饲料，饲喂猪后引起中毒。④有时也见于人为投毒。

（二）临床症状

一般误食或接触后半小时到两小时出现中毒症状，猪误食有机磷药物后，中毒症状的轻重缓急，因有机磷农药的毒性、摄入量、进入途径以及机体的状态不同而有所差异。

轻度中毒时，出现流涎，精神沉郁，全身无力，步态不稳，腹泻，瞳孔缩小，可视黏膜发紫。

严重时出现呕吐，腹痛，全身肌肉颤抖，口吐白沫，发出磨牙声，个别猪还不断空嚼。出大汗，呼吸困难，视物不清，狂躁不安、乱跑，突然尖叫后倒地抽搐、角弓反张，以后高度沉郁，昏迷，大小便失禁。有的病例倒地后呈游泳姿势，呼吸加快，36 次/分钟，脉搏 140 次/分钟，伸舌，张口呼吸，若抢救不及时，常会发生肺水肿而窒息死亡。

（三）病理变化

该病缺乏特征性病理变化。经消化道中毒在 2 小时内死亡的急性病例，除胃肠黏膜充血和胃内容物可能有大蒜味外，无其他病变。经 2 小时以上死的病例可见一些较明显的病变。

急性中毒者，胃肠内容物有蒜臭味和胃肠黏膜充血、出血、肿胀，并多半呈暗红色或暗紫色。气管内常有白色泡沫存在。肺充血、肿大。肝、脾肿大。肾浑浊肿胀。

亚急性病例，胃肠黏膜发生坏死性、出血性炎症，肠系膜淋巴结肿胀、出血。胆囊肿大、出血、黏膜、黏膜下层和浆膜有广泛性出血斑，各实质器官发生浑浊肿胀。肺淋巴结肿胀、出血。肝和肾实质变性。

（四）诊断

主要依据有接触有机磷农药的病史，以胆碱能神经兴奋为基础的一系列临诊表现（流涎、出汗、肌肉痉挛、瞳孔缩小、呼吸困难等）以及剖检变化可做出初步诊断。确诊需采取可疑饲料、饮水或胃内容物进行有机磷农药的毒物检验。

（五）综合防控措施

1. 预防

保管好有机磷制剂，防止污染饲料和饮水；喷洒过有机磷农药的青绿饲料在6周内不要用来喂猪，或用清水反复泡洗后再用；在使用有机磷农药驱虫时，应严格控制好剂量，以防中毒。

2. 治疗

发病后立即使用特效解毒剂，尽快除去尚未吸收的毒物，同时配合必要的对症治疗。

（1）尽快除去毒物。如经皮肤中毒，可用肥皂和水洗涤（敌百虫中毒忌用肥皂水洗），经消化道中毒而未完全吸收者，用1%～2%苏打水或食盐水等洗胃，并催吐、灌肠等去除毒物。

（2）药物治疗。应用胆碱酯酶复活剂（解磷定、氯磷定、双解磷、双复磷）和乙酰胆碱对抗剂（硫酸阿托品）双管齐下。

12.5%双复磷按每千克体重40～60毫克，用生理盐水溶解后皮下或肌肉注射；中毒后期或症状重者，用4%碘解磷定按每千克体重20～40毫克，溶解于生理盐水或葡萄糖溶液中缓慢静脉注射；以后每隔2～3小时1次，剂量减半。

硫酸阿托品2～4毫克皮下注射，或解磷定0.5～3克（0.015～0.05克/千克体重）。或肌肉、静脉注射氯磷定，10～20毫克/千克体重，若注射后不见好转，2小时后再注射一次。

在无解毒药的情况下，可试用茶叶60克和绿豆120克，煎水灌服，每天2次，连服2天。在使用上述中药前，可先给猪灌服芒硝30～50克导泻（禁用油类泻剂），帮助毒物排出。

（3）对症治疗。当病猪兴奋不安、痉挛抽搐时可用巴比妥；当病猪腹泻时，注射葡萄糖和复方氯化钠、维生素C和防止继发感染的消炎药；为了维护心脏功能，可用安钠咖或尼可刹米等。

三、猪铜中毒

铜中毒是猪摄入过量的铜而发生的以腹痛、腹泻、肝功能异常和贫血为特征的中毒性疾病。硫酸铜常用作饲料添加剂，当添加过多、混合不匀或猪采食了喷洒过含铜农药的牧草时可发病。

（一）病因

在生产实践中，生长肥育猪每千克日粮含铜量 200 毫克左右，可使猪保持良好的生长速度及较高的报酬。但如果滥用，日粮中铜的含量长期超过 250 毫克/千克，可造成铜中毒，大于 500 毫克/千克可致死。猪发生铜中毒主要原因有以下几个方面：

（1）高铜饲料添加剂混合不均。

（2）含铜饲料添加剂用量过大。主要是养殖户对添加剂过于崇拜和迷信，认为添加越多越好造成的。

（3）2 种或 2 种以上的饲料添加剂同时混合作用，使饲料中铜含量增加。

（4）在饲喂浓缩饲料的同时，再额外添加铜元素添加剂。

（5）基础日粮与添加剂的配合没有经过准确称量和计算，而是凭空估计，造成添加过量。

（二）临床症状

急性中毒：可由于猪短期内摄入大量高浓度铜引起。一般急性中毒多发生于食欲旺盛、采食欲强的猪。病猪表现为重剧胃肠炎。拒食，流涎，呕吐，猪只表现渴感。腹痛、腹泻、粪便呈青绿色或蓝色，恶臭，混有黏液，排出糊状稀痢，后呈水样腹泻，病猪肌肉松弛，四肢无力，步态不稳；心率加快，甚至知觉丧失，痉挛。有的很快出现休克症状，多于 24～48 小时内死亡。

慢性中毒：猪由于长期摄取过量的铜而引起。病猪表现为精神沉郁，食量减少或拒食，体重减轻，被毛粗乱，皮肤瘙痒发红，且皮肤角化不全，肛门红肿；腹泻，大便黑色，干燥，呈栗子状或算盘珠样，有的粪便有白色薄膜样黏液。随着病情的发展，病猪眼睑浮肿，甚至眼无法睁开，可视黏膜苍白黄疸，心跳减弱，呼吸困难，张口喘气，喜卧，嗜眠，肌肉无力，步态不稳；少尿或无尿，尿色呈棕红色；耳、四肢、腹部、臀部皮肤发绀，严重者全身发绀。后期病猪精神高度沉郁，心力衰竭，肌肉震颤，体温降至38℃以下。最终病猪昏迷、惊厥或麻痹而死。妊娠母猪中毒后易发生流产，死胎多为木乃伊或呈黑色。

（三）病理变化

急性中毒病例剖检多数表现为剧烈的肠胃变化。胃底黏膜严重出血、溃疡、糜烂、甚至坏死；十二指肠、空肠、回肠、结肠黏膜脱落坏死，十二指肠前段多覆盖一层黑绿色薄膜，大肠充满栗状粪便，回肠、盲肠基部有蜂窝状溃疡。

慢性中毒病例剖检多表现为全身皮肤黄染，血液稀薄而凝固不良，肌肉颜色变淡，胸、腹腔有黄色液体；肝脏肿大呈紫褐色，边缘呈黑紫色，肝实质显著肿胀、发脆、出血，肝脂肪变性；肾肿大呈土黄色、充血，皮质有斑点；脾脏肿大呈紫黑色；心脏纵沟、冠状沟黄染心肌呈纤维性病变；肺部水肿呈暗黄色，局灶性肺炎。

（四）诊断

根据病史调查：生长肥育猪改变饲料后突然发病，同一栋猪舍没有更改饲料的其他育肥猪无一头发生类似的病状；再结合临床症状、病理变化可初步诊断。直观饲料，如果无皱瘪状、无霉点，可排除赤霉菌毒素中毒。

对喂生长肥育猪的饲料送相关机构进行铜元素检测，如果铜含量超过250毫克/千克的就可确诊。

猪铜中毒病应注意与猪溶血性疾病、肝炎以及由溶血性化学药品引起的中毒病相区别。

（五）综合防控措施

1. 预防

在饲养过程中最好是单独使用一种品牌的饲料添加剂，并在兽医的指导下使用。一般仔猪饲料中应保持含铜浓度 125～200 毫克/千克。为了预防猪铜中毒，在饲料中可分别添加 130 毫克/千克的铁和锌元素，使猪体内铜、铁、锌 3 种元素保持平衡。也可添加适量的硒，硒和铜、砷、镉、汞等重金属拮抗，保护组织不受金属有毒物质的损害。在使用含铜饲料的同时添加腐植酸、茶多酚等功能饲料添加剂，即可防止猪铜中毒，又能促进猪生长，增加免疫力，提高抗病力。

2. 治疗

（1）如诊断为铜中毒时，应立即更换饲料，并在饲料中添加补充亚硒酸钠—维生素 E 粉、维生素 K 粉、复合维生素 B、铁剂、含有 0.1% 维生素 C 的 10% 的糖水，让猪自由饮用。

（2）取依地酸钙钠 1～2 克，用生理盐水稀释成 0.25%～0.5% 溶液缓慢静注，每天 2 次，或用青霉胺内服，每头猪 0.3 克，每天 3～4 次。

（3）中毒严重的病猪用 0.2%～0.3% 亚铁氰化钾溶液洗胃内服，也可用氧化镁内服，每次 10～20 克，后灌服 5～8 个鸡蛋清，连用 2～3 克，效果理想。

（4）病猪每天喂服盖平 50 片或雷尼替丁 20 片，连服 5～7 天，同时在饲料中加入 0.1%～0.2% 的苏打粉，用以缓解和治疗胃肠溃疡。

（5）鲜凤尾草、车前草各等量，水煎后代替常水给猪自由饮服，连续 3～4 天。

（6）对病情严重的，结合灌服适量的白糖水；同时采用强心、利尿、补肾保肝等对症疗法。

四、菜籽饼中毒

菜籽饼是油菜籽榨油后的副产物，其蛋白质含量较高，广泛用作猪的蛋白质饲料。但是菜籽饼中含有芥子苷等多种毒素，若饲喂前不经过脱毒处理或长期饲喂量过大，往往引起菜籽饼中毒。以急性胃肠炎、支气管炎、肺气肿、肺水肿、肾炎和甲状腺肿大为特征。

（一）病因

油菜种子除含有脂肪油约43%外，尚有芥子苷、芥子酶、芥子酸和芥子碱等成分；这些成分也将残存在榨油后的菜子饼中。特别是其中的硫酸葡萄糖苷醇类与芥子酶的结合，在适当的温度条件下会生成5-乙烯基恶唑烷硫酮、异硫氢酸脂等多种毒素。在采食后对消化道黏膜具有刺激作用，经吸收后可引起微血管壁扩张，量多时引起血容量下降和心率降低，同时伴有肝、肾损害。

（二）临床症状

临床以腹泻、排尿次数增多、血尿、咳嗽、呼吸困难等为特征。

急性中毒的动物主要表现胃肠炎特征如腹痛、腹泻、粪便带血和神经症状；因毒物引起毛细血管扩张，血容量下降和心率减慢，可见心力衰竭或休克，常有明显的血红蛋白尿、精神沉郁、黏膜苍白、中度黄疸；有感光过敏现象，精神不振，呼吸困难，同时有痉挛性咳嗽，很快出现皮下气肿。肾炎，排尿次数增多，有时有血尿。发病后期体温下降，虚弱而死。

慢性中毒的动物，可发生甲状腺肿大，体重下降，幼龄动物表现生长缓慢。妊娠母畜表现妊娠期延长，新生仔畜发育不良，病死率升高。

（三）病理变化

剖检可见胃肠道黏膜充血、肿胀、点状出血；肾出血，肝肿胀、浑浊、坏死；胸、腹腔有浆液性、出血性渗出物，肾有出血性炎症，有时膀胱积有血尿；肺水肿和气肿；甲状腺肿大；血液暗色如漆样，凝固不良；心内膜和外膜有点状出血；胃内有少量血块。

（四）诊断

根据胃肠炎和血尿的症状、病理学特征结合饲料调查是否过量采食未经适当处理的油菜籽饼即可初步诊断。确诊要进行毒物检验。

（五）综合防治措施

1. 预防

不能食用发霉、变质的饲料，菜籽饼是一种蛋白饲料，含有硫葡萄糖苷的分解产物，发霉、变质的菜籽饼或饲料中缺碘，会导致毒性反应加重。菜籽饼在饲喂前应进行去毒处理，菜籽饼喂量不宜过大，一般不超过饲料总量的10%，同时应与其他饲料搭配应用，用量宜逐渐增加。常见的菜籽饼去毒方法如下。

浸泡蒸发法：先将菜籽饼粉碎，在35℃的温水中浸泡12～24小时，倒掉水，再加水煮沸1～2小时，边煮边搅，使毒素蒸发。

坑埋法：挖1米深的坑（土壤含水量8%左右），铺上草席，把碎成粉末的菜籽饼加水（饼水比例为1∶1）浸泡后装进坑内，两个月后即可饲用。可去毒99.8%。

氨处理法：以100份菜籽饼为例，加入含量7%的氨水22份，喷洒到菜籽饼中，然后闷盖3～5小时，再放进蒸笼中蒸40～50分钟，然后炒干或晒干。

碱处理法：以100份菜籽饼为例，加入含有15%的碱溶液24份，后同氨处理法。

添加剂处理法：按照一定比例添加解毒剂拌入菜籽饼中，直接配合饲养食用。

发酵中和法：即将菜籽饼经过发酵处理，以中和其有毒成分，本法约可去毒90%以上。

另外，培养低毒品种是解决菜籽饼毒性的一个最根本的方法。我国已从国外引入低芥子苷的油菜品种，并扩大试种。

2. 治疗

本病没有特效解毒药，中毒后立即停喂菜籽饼；除采取排除毒物辅助治疗等综合措施外，对症治疗应着重于保肝、补液、护心肾，平衡电解质和预防肺水肿，并可适当应用维生素 C、维生素 K 及肾上腺皮质激素等。

（1）用 0.5% ~1% 鞣酸或 0.1% ~1% 单宁洗胃，再灌服稀面糊、牛奶、鸡蛋白、米汤或豆浆等适量；注射 10% 安钠加 5 ~10 毫升；静脉注射 25% 葡萄糖液 100 ~200 毫升。

（2）樟脑磺酸钠 5 ~10 毫升解毒。

（3）滑石 6 份、甘草 1 份、绿豆适量水煎服，连服 3 ~4 剂。

（4）4 毫升的维生素 C 和 4 毫升的维生素 K，肌内注射，甘草 60 克和绿豆 300 克水煎取汁灌服，每天 1 剂，分 2 次灌服，连用 3 ~4 剂。

（5）硫酸钠 35 ~50 克，小苏打 5 ~8 克，鱼石脂 1 克，加水 100 毫升，1 次灌服。

（6）用 0.05% 高锰酸钾液让猪自由饮喝，必要时可灌服 0.1% 高锰酸钾液或蛋清、牛奶等，一般不宜用泻药。

五、猪马铃薯中毒

猪马铃薯中毒病指由于采食含有有毒成分的马铃薯茎叶和腐烂生芽的马铃薯块茎，引起猪出现以精神症状和胃肠炎为特征的中毒。

（一）病因

马铃薯中毒主要是因其含马铃薯素而引起的。马铃薯全株各部含马铃薯素的量不同：绿叶中含 0.25%，芽内含 0.5%，花内含 0.7%，马铃薯皮内含 0.01%，而成熟的块根内只含 0.004%，一般情况下，猪食马铃薯是不会中毒的，而为缓解青绿饲料短缺，将冬春收获的马铃薯的茎、叶、根或青马铃薯、霜冻过的及贮存不善而发芽、霉烂的马铃薯充当猪饲料则会引发中毒。马铃薯含有一种有毒的生物碱（叫马铃薯素），其中以新鲜的茎、叶、花含马铃薯素的量最高，因贮存不当而发芽、变质和霉烂的马铃薯，其马铃薯素含量也会显著增加。生猪若食用这种马铃薯则会发生中毒。

（二）中毒机理

马铃薯素能刺激肠胃黏膜导致严重的出血性胃肠炎，能侵害延脑和脊髓，引起感觉和运动神经麻痹，进入血液后能引起红细胞溶解而发生溶血现象。另外，马铃薯及其加工后的粉渣、粉水中仍含有大量淀粉，进入胃后在微生物作用下，迅速发酵，产生大量有机酸，破坏胃内环境而引起胃酸中毒。或者直接饮入含有大量腐败酸的粉水而引起胃酸中毒，吸收后又引起全身性酸中毒，酸败后的粉水含有大量病原微生物，其成分相当复杂，所引起的中毒也很复杂。其次，马铃薯茎叶里还含有亚硝酸盐，偶尔也引起中毒。

（三）临床症状

马铃薯中毒猪较为敏感，羊牛次之，马属动物耐受较强。患猪可见出血性胃肠炎，出现神经症状和消化机能紊乱。患病初期畏光，乱冲乱撞，狂躁不安。之后，行走时如醉酒状，步态蹒跚，共济失调，脉搏不稳，出现精神沉郁，瞳孔散大，反应迟钝，食欲减少或废绝，流涎、呕吐、拉稀，腹部皮下有湿疹。重症猪只卧于褥草中，双眼紧闭、昏睡、食欲废绝，褥草上有呕吐物和血便，怀孕母猪易流产，哺乳母猪泌乳减少，发生肠炎时，多发生严重下痢。

（四）病理变化

患猪可视黏膜发白，尸体僵直水肿，血液呈暗紫色，血液凝固不良；肺、肝、胆囊、心肌和肾皮质水肿，心包积液，心内外膜出血；胃内可见采食后未经消化的马铃薯或茎叶，胃肠黏膜明显充血和出血，瘀血、坏死和黏膜脱落；肝肿大、质脆，内有暗黑色的血液；肾肿大，表面有少量出血点；脾瘀血；心脏表面有少量出血点，心脏内充满凝固不全的暗黑色血液；脑充血、水肿。慢性病大部分胃肠黏膜呈黑色皮革状。

（五）诊断

有食用发芽马铃薯或未成熟马铃薯的病史，剖检发现在胃中大量残留未消化的马铃薯茎叶，且出现神经症状。

将喂剩的马铃薯从发芽处切开，滴加浓硝酸或硫酸 1~2 滴，若切面立即呈玫瑰色，则证明马铃薯毒素含量较高。

（六）综合防控措施

1. 预防

（1）禁止食用发芽的，霉烂、变质、皮肉青紫的马铃薯。

（2）加强饲养管理，应用马铃薯作饲料时饲喂量应逐步增加，但不能超过日粮的 20%。用马铃薯的茎叶作饲料时，应与其他青绿饲料混合进行青贮后，再行饲喂。

（3）马铃薯中毒绝大部分均发生在春季及夏初季节，原因是春季潮湿温暖，对马铃薯保管不好，易引起发芽。因此，要加强对马铃薯的保管，防止发芽是预防中毒的根本保证。

2. 治疗

（1）清除食槽、圈内的马铃薯，停止喂给马铃薯。

（2）对中毒仔猪首先用 1% 硫酸铜 20 毫升催吐，也可用 0.1~0.5% 高锰酸钾溶液洗胃。

（3）对中毒猪将硫酸镁 300 克用胃管一次投服，并用 10% 苏打水灌肠，然后用 1 000 毫升 10% 葡萄糖水、5~10 毫升 10% 的安钠咖注射液、10~20 毫升维生素 C、20~30 毫升肝泰乐混合静注。

（4）轻度中毒可多饮糖盐水补充水分，并适当饮用食醋水中和茄碱。

（5）剧烈呕吐、腹痛者，可给予阿托品0.3～0.5毫克，肌肉注射。

六、猪酒糟中毒

酒糟是酿酒后的残渣，除含有蛋白质、脂肪等营养物质外，还有促进食欲、帮助消化等作用，但长期或大量的饲喂酒糟能引起中毒。

猪酒糟中毒是由于猪采食了保存不得当的或者大量的酒糟而引起的一种中毒症，病猪会表现消化系统和中枢系统的症状，目前没有很好的治疗方式，只能以预防为主。

（一）病因

猪酒糟中毒多因突然给猪饲喂大量的酒糟，或对酒糟保管不当，被猪大量偷吃，或长期单一饲喂酒糟，而缺乏其他饲料的适当搭配，饲喂严重霉败变质的酒糟，都可使猪发生中毒。

新鲜酒糟中可能存在的有毒成分包括：残存的酒精、龙葵素（马铃薯酒糟）、翁家酮（甘薯酒糟）、麦角毒素、麦角胺（谷类酒糟）以及多种真菌毒素（霉败原料酒糟）。贮存酒糟中可能存在的有毒成分包括：新鲜酒糟原来存在的残存酒糟等有毒成分；酒糟酸败形成的醋酸、乳酸、酪酸等游离的有机酸；酒糟变质形成的正丙醇、异戊醇等杂醇，酒糟发霉产生的各种毒素等。以上毒素直接刺激胃肠并被吸收入血，在临床上表现出消化系统症状和神经症状及相应的病理变化。

（二）中毒机理

新鲜酒糟中含有残余的酒精（乙醇、正丙醇、异丁醇、杂醇）和甲醛、酸类，酒糟霉败变质产生的醋酸、乳酸及真菌毒素。乙醇可危害中枢神经系统，兴奋大脑皮层，抑制呼吸中枢和运动中枢，出现呼吸障碍和共济失调。甲醛致细胞毒性，而乙酸等酸类可刺激胃肠道，甚至造成乙酸中毒。酸类物质可促进钙排泄，造成骨骼营养不良。

（三）临床症状

急性中毒时，猪的食欲减退或废绝，消化机能发生紊乱，被毛粗乱，慢性消瘦，贫血，水肿，患猪精神沉郁，呼吸促迫，体温为39.6℃左右，眼结膜苍白或黄染，皮肤青紫，出现腹痛弓背、腹泻等胃肠炎症状，先便秘后拉稀，行动摇摆，精神失常或摔跤，虚脱，继而卧地不起。有的狂躁不安，并伴发皮疹。

慢性中毒表现消化紊乱，便秘或腹泻，血尿，结膜发炎，视力减退甚至失明，出现皮疹和皮炎。酸类物质引起钙磷代谢障碍，出现骨质软化。最后体温下降，可由于呼吸中枢麻痹而死亡；病程长者可见黄疸、血尿，怀孕母猪流产。

（四）病理变化

肝脏边缘钝圆，切面外翻。胆囊壁肿胀，增大1倍左右，胆囊内充满胆汁。肾脏肿大苍白，质地变脆。心肌松软，血凝不全，心内膜和皮下组织均有充血和出血斑。肺水肿和出血。咽喉黏膜轻度发炎，食道黏膜充血。胃充气，胃内容物散发乙醇气味和醋味，胃底部充血、出血，胃肠黏膜充血、出血，较易脱落。肠系膜和皮下有水肿。十二指肠黏膜有小片脱落、小点出血。空肠、回肠和盲肠都有瘀血斑，肠道内有血液和微量血块。小结肠出现纤维素性炎症。直肠出血、水肿、黏膜脱落。脑和脑膜血管充血，脑实质常有出血。

（五）诊断

主要根据饲喂酒糟的病史、临诊症状、剖检病变，可做出初步诊断，确诊需进行动物饲喂试验。

将少量变异酒糟用蒸馏水浸泡，过滤，置烧杯中，测定 pH 值。初步测得 pH 值 <5.0，由此推定酒糟酸败。

（六）综合防控措施

1. 预防

不能单一地以酒糟作饲料，酒糟最好与其他饲料搭配使用。饲喂酒糟要限制用量，一般不超过饲粮的 20%～30%，平均每头每日不超过 2.0 千克为宜，妊娠母猪应减少饲喂量。

酒糟应尽可能新鲜饲喂，力争在短时间内喂完。如果暂时用不完，轻度酸败的酒糟可用 0.1%～1% 的生石灰或石灰水搅拌，以中和其中的酸败物质。处理后的酒糟最好与新鲜酒糟混喂，同时应注意观察猪只食后是否出现异常反应，发现异常应立即停喂酒糟，并及时治疗。

长期饲喂含有酒糟的日粮时，应适当补充富含钙的矿物质饲料。

2. 治疗

（1）立即停喂酒糟。

（2）用 1% 碳酸氢钠 300～500 毫升口服、灌肠。

（3）肌肉注射 10%～20% 安钠咖 5～10 毫升，10% 氯化钙注射液 10～20 毫升，静脉注射葡萄糖生理盐水等。

（4）对便秘的可灌服 30～50 克硫酸钠溶液等缓泻剂。

（5）兴奋不安的使用镇静剂，如静脉注射硫酸镁、水合氯醛、溴化钙。

七、猪黑斑病甘薯中毒

猪吃了长有黑斑病的甘薯（地瓜）、苗床腐败的残甘薯、含有黑斑病的甘薯的加工后残渣，都能引起中毒。黑斑病的有毒成分是翁家酮与甘薯酮。引起猪急性肺水肿、间质性肺气肿、严重呼吸困难以及皮下气肿等为特征的症状，又称黑斑病甘薯中毒或霉烂甘薯中毒。

甘薯患黑斑病、软腐病、象皮虫病都能引起猪中毒，症状都相似。

（一）病因

黑斑病的主要病原真菌是红薯长喙壳菌。此外，甘薯储藏期间由于损伤部位感染软腐病菌，引起甘薯软腐病，受害部位产生出有酒味的黄色液体，后期长出白色绒毛菌丝，顶端有黑色颗粒。这类病菌能使红薯产生有毒的苦味质，又称甘薯酮及其衍生物——甘薯醇、甘薯宁，猪吃了大量的这种有毒物质，即可发生中毒。甘薯酮（苦味质）及其衍生物能耐受高温，经煮，蒸，发酵都不能破坏其毒性。

（二）中毒机理

黑斑病甘薯中的毒素是甘薯酮及其衍生物，这些毒素具有很强的刺激性，在消化道吸收的过程中，导致消化道黏膜出血和发炎（出血性胃肠炎）。毒素吸收进入肝脏，致肝脏实质性细胞肿大，肝功能降低，同时又可引起心脏内膜出血和心肌变性，心包积液；特别是对延脑呼吸中枢的刺激，可使迷走神经机能抑制和交感神经机能兴奋，支气管和肺泡壁长期松弛和扩张，气体代谢障碍导致氧饥饿，发生肺泡气肿，最终肺泡壁破裂，吸进的气体窜入肺泡间质中，造成间质性肺气肿，并由肺基部窜入纵膈，从而又沿纵膈疏松结缔组织侵入颈部和躯干部皮下，形成皮下气肿。

（三）临床症状

临床表现因采食黑斑病甘薯的数量不同而有所不同。主要表现为发病较急，口流白沫，食欲大减，精神不振，体温不高或基本正常。张口呼吸，呼吸困难，呈腹式呼吸，呼吸次数可达每分钟90～120次。可视黏膜发绀。听诊肺部有水泡音，后期发生气喘。早期心脏机能亢进，后转成快、弱，节律不齐。腹部膨胀，胃肠蠕动停止，粪便干硬发黑，后转为腹泻，粪便中有大量黏液和血液。阵发性痉挛，运动失调，步态不稳。约1周后，食欲逐渐恢复而康复。重症者，四肢、耳尖厥冷，皮温不正常，眼反射消失，出现神经症状，或用嘴拱地，或头顶墙，盲目前进，最后倒地抽搐痉挛而死。中毒轻的症状在经过 2~3 个小时后会自然减轻，1~2 天恢复食欲。大猪慢性经过 3~4 天自愈。

（四）病理变化

心脏充满凝固血块，左右心室出血，心耳轻度瘀血。胸腔有大量黄色液体。肺肿大，高度充血、瘀血及出血，间质气肿，切开时流出大量泡沫，肺淋巴结肿大。气管内含有白色泡沫状黏液。脾轻度肿胀，边缘有点状出血。肾出血。肝肿大，高度出血。胆囊稍肿大，呈金黄色，充满黄绿色胆汁。胃黏膜呈广泛性充血、出血，黏膜易脱落，胃底部发生溃疡。肠系膜淋巴结肿大。小肠充血及出血。结肠有条纹状出血。直肠有炎症。

（五）诊断

依据吃烂红薯病史，临床上发病突然，呼吸、脉搏加快，尤其是有显著的呼吸困难，即可初步诊断。必要时，可用霉变的甘薯做动物发病试验。

（六）综合防控措施

1. 预防

切除的病变部分和苗床、地头的烂甘薯全部深埋、烧掉或堆积发酵，防止猪食入；甘薯黑斑病中毒是单纯性中毒疾病，只要不用已经霉变的甘薯喂猪即可避免；变硬、变黑、变苦的甘薯及其加工后的副产品禁止作猪饲料使用，把霉烂的甘薯和育苗后的残余甘薯妥善处理，严禁乱丢，应集中深埋、烧掉或堆积发酵，防止猪只采食。

2. 治疗

治疗时，应迅速排出毒物、解毒，缓解呼吸困难，以及对症疗法。

（1）排除毒物：中毒早期可用氧化剂及泻剂。内服 1% 高锰酸钾 100～200 毫升；用 1%～2% 双氧水洗胃；灌服硫酸钠 60～80 克或硫酸镁 60～80 克，氧化镁 10～15 克混合灌服；用大量温水反复多次灌肠，排除有毒物质；静脉放血 50～100 毫升，然后输入糖盐水或生理盐水 200～300 毫升。

（2）解毒：20%～40% 葡萄糖溶液 100 毫升，5% 小苏打水溶液 100 毫升，静脉注射；复方氯化钠注射液或生理盐水 250～500 毫升，静脉注射，每日 2～3 次；缓解呼吸困难静脉注射 5%～10% 次亚硫酸钠溶液 150～200 毫升，加维生素 C 注射液（500 毫克）。

第三章
营养代谢病

一、猪碘缺乏症

碘缺乏症又称为甲状腺肿，是碘绝对或相对不足而引起的以甲状腺机能减退和甲状腺肿大为病理特征的慢性营养缺乏症。

（一）病因

由于猪摄入碘不足可直接诱发原发性碘缺乏。一般见于每千克土壤含碘低于 0.2~2.5 毫克、每升饮水中含量低于 10 微克的地区。

某些化学物质或致甲状腺肿物质可影响碘的吸收，干扰碘与酪蛋白结合，从而诱发继发性碘缺乏症。某些饲料如十字花科植物、豌豆、亚麻粉、木薯粉及菜籽饼等，因其中含多量的硫氰酸盐、过氯酸盐、硝酸盐等，能与碘竞争进入甲状腺而抑制碘的摄取。日粮中钴、钼缺乏，锰、钙、磷、铅、氟、镁、溴过剩，胡萝卜素和维生素 C 缺乏以及机体抵抗力降低时，均能引起间接缺碘，诱发本病。

由于怀孕、哺乳和幼畜生长期间，对碘的需要量加大，而造成相对缺碘，也可诱发本病。

（二）临床症状

猪碘缺乏症表现为甲状腺肿大比正常增大 10~20 倍，生长发育缓慢，被毛生长不良，消瘦贫血。繁殖能力下降，母猪发生胎儿吸收、流产、死产或所产仔猪衰弱、无毛；部分新生仔猪水肿，皮肤增厚，颈部粗大，存活仔猪嗜睡，生长发育缓慢。

（三）诊断

根据饲料缺碘的病史，临诊可见甲状腺明显肿大、生长发育迟缓、繁殖性能减退、被毛生长不良。

必要时进行实验室检查，测定饲料、饮水或食盐的含碘量，测定血清蛋白结合碘含量，测定尿碘量等。

（四）综合防控措施

1. 预防

减少饲喂致甲状腺肿的植物饲料；饲料中添加碘盐；母猪妊娠60天时，每月在饲料或饮水中加入碘化钾 0.5~1 克，或每周在颈部皮肤上涂抹 3% 碘酊 10 毫升。

2. 治疗

饲料中加喂碘盐（10 千克食盐中加碘化钾 1 克）。每日口服碘化钠或碘化钾，剂量为 0.5~2.0 克，连用数日。

二、猪佝偻病

佝偻病是生长期的仔猪由于维生素 D 及钙、磷缺乏或饲料中钙、磷比例失调所致的一种骨营养不良性代谢病，特征是生长骨的钙化作用不足，并伴有持久性软骨肥大与骨骺增大。临诊特征是生长发育迟缓、消化紊乱、异嗜癖、软骨钙化不全、跛行及骨骼变形。

（一）病因

佝偻病主要是由于骨质缺乏钙和磷等无机盐类，以及维生素 D 不足，缺少日光照晒，引起猪体钙磷代谢紊乱，影响骨骼中磷酸钙的合成。造成佝偻病的因素之一是饲料配合不当，偏喂了一种食物，如长期饲喂酒糟、豆腐渣、糖渣等，以致缺乏钙磷和维生素，或钙磷的比例失调。猪舍潮湿缺乏阳光照射，也能使幼猪身体逐渐缺乏钙、磷物质和维生素，而发生佝偻病。另外，由于胃肠病、寄生虫病、先天发育不良等因素阻碍了对维生素的吸收和利用，也能诱发佝偻病。

（二）临床症状

先天性佝偻病，仔猪生后衰弱无力，经过数天仍不能自行站立。扶助站立时，腰背拱起，四肢弯曲不能伸直。

后天性佝偻病 1~3 个月才出现明显症状。病初表现发育停滞，精神不振，食欲减退，消化不良，出现异嗜癖（舔食土墙、砖墙、粪便），消瘦，贫血，出牙时间延长，齿形不规则，齿质钙化不足，面骨、躯干骨和四肢骨变形，腕部弯曲，以腕关节爬行，后肢则以跗关节着地。喜卧不愿意站立和运动，强行站立和运动时表现强拘、肢体软弱，四肢呈 X 或 O 形，肋骨与肋软骨处肿大呈串珠状。在仔猪尚可见到嗜睡，步态蹒跚，突然卧地和短时间痉挛等神经症状。

（三）诊断

根据猪发病日龄（佝偻病发生于幼龄猪，软骨症发生于成年猪）、饲养管理条件（日粮中维生素缺乏或不足，钙、磷比例不当，光照和户外活动不足）、病程经过（慢性经过）、生长迟缓、异嗜癖、运动困难以及牙齿和骨骼变化及治疗效果可做出诊断。必要时结合血液学检查、X 线检查、饲料成分分析等。X 线检查，骨密度降低，长骨末端呈现"羊毛状"，骨骼变宽，即可证实为佝偻病。

（四）综合防控措施

1. 预防

给猪全价日粮，补给足够的维生素 D，尤其注意钙、磷的平衡。冬季应给经太阳充分晒干的青干草。动物多晒太阳，适当运动。

2. 治疗

（1）10% 葡萄糖酸钙注射液 20~50 毫升。一次静脉注射，每天 1 次，连用 5~7 天。

（2）维丁胶性钙 8～10 毫升。按 1 千克体重 0.2 毫升一次肌肉注射或脾俞穴注射，每天 1 次，连用 5～7 天。

（3）维生素 A、D 合剂 2～4 毫升。一次肌肉注射，每天 1 次，连用 5～7 天。

三、猪锰缺乏症

锰缺乏症是饲料中锰含量绝对或相对不足引起的一种营养缺乏病，临诊特征为骨骼畸形、繁殖机能障碍及新生仔猪运动失调。因为该病常表现为四肢骨短粗，故又称"骨短粗症"。多呈地区性流行，发病率比其他微量元素缺乏症较低。

（一）病因

原发性锰缺乏：主要是由于饲料中锰含量不足所引起，作为动物饲料的主要原料，玉米、大麦和大豆中含锰很低，分别为 5 毫克/千克，25 毫克/千克和 29.8 毫克/千克，若以其作为基础日粮，容易引起锰不足或缺乏。

继发性锰缺乏：主要是由于存在影响动物机体对锰吸收利用的不良因素。已经证明，饲料中钙、磷、铁、钴及植酸盐含量过高，可影响机体对锰的吸收利用，这是因为锰与铁、钴在肠道内有共同的吸收部位，饲料中铁和钴含量过高可竞争性抑制锰的吸收。另外，动物机体患慢性胃肠疾病时，也可影响锰的吸收利用。

（二）临床症状

患病猪出现生长发育受阻，骨骼畸形，消瘦；繁殖机能障碍，母猪乳腺发育不良，发情期延长，不易受胎，出现流产、死胎、弱胎；新生仔猪弱小，呻吟，震颤，站立困难，行走蹒跚，生长缓慢；断乳仔猪生长缓慢，饲料利用率降低，体脂沉积减少，管状骨变短，骨骺端增厚，腿骨较短粗。临床可见步态强拘或跛行。有的表现出类似佝偻病的症状。

（三）诊断

根据病史调查、临床症状进行诊断，必要的情况下可对饲料中锰含量、血锰含量进行测定，则有助于进一步确诊。

（四）综合防控措施

1. 预防

正常情况下，动物对锰的需要量，每天每千克体重平均为0.3毫克。对于缺锰地区猪只或患病猪只，通过改善饲养合理调配日粮，给予富锰饲料，可有效地达到预防本病的目的，例如添加青绿饲料、块根饲料、小麦、糠麸等；在补锰的同时还应积极消除防碍动物机体对锰吸收利用的一切不利因素。如合理调配日粮，保证饲料中各种微量元素的适当比例，及早治愈各种胃肠疾病等。

2. 治疗

每100千克饲料中加12～24克硫酸锰或用1∶3 000高锰酸钾液作饮水，每千克猪日粮中含20～25毫克锰。

四、猪软骨病

猪软骨病是成年猪的一种营养代谢病，是由于病猪机体吸收钙磷元素不足或者比例失调造成的骨质疏松症状，幼年猪为佝偻病，可补充钙磷元素进行治疗。

（一）病因

软骨病是因为钙磷缺乏或钙磷比例失调，而发生于成年猪的一种骨营养不良病。日粮磷含量绝对或相对缺乏是发生软骨病的主要原因；钙磷比例不当也是软骨病的病因之一，当磷不足时，高钙日粮可加重缺磷性软骨病的发生；维生素D缺乏可促进软骨病的发生。此外，影响钙磷吸收利用的因素有年龄、妊娠、哺乳等。日粮有机物（蛋白质、脂类）缺乏或过剩，其他矿物质（如锌、铜、钼、铁、镁、氟）缺乏与过剩，常可产生间接影响，在分析病因时，应予注意。

（二）临床症状

病猪跛行，站立困难，异嗜癖，喜啃骨头、嚼瓦砾外，还吃食胎衣。母猪躲藏不动，做匍匐姿势，产后跛行加剧，后肢瘫痪。X线检查见骨密度不均，生长板边缘不整，干骺端边缘和深部出现不规则的透亮区。

（三）诊断

根据日粮组成中的钙磷含量、日粮的配合方法、饲料来源及地区自然条件，病畜年龄、妊娠、泌乳情况、发病季节、临诊症状、实验室化验和特殊检查项目（如 X 射线骨密度测定）等，即可诊断。

（四）综合防控措施

1. 预防

调整日粮中的钙磷比例，适当补充维生素 D，补充苜蓿干草和骨粉。从改善猪的饲养管理入手，平时喂猪应避免长期喂单一饲料，注意合理配搭适量骨粉，以保证钙、磷的正常需要量，尤其对妊娠母猪应注意补充矿物质和维生素，对仔猪可把红壤土（其中含铁质）或泥炭土放到圈内，让仔猪自由舔食。适当增加运动，保持猪舍温暖、清洁、光线充足。

2. 治疗

早期不用药，将牛骨等牲畜骨头放在火中煅烧后，研成细末，调入猪饲料中喂食。每天服用 25 克左右，连服 7 ~ 8 天。也可在饲料中添加适量鱼粉和杂骨汤。用维丁胶性钙注射液 4 ~ 6 毫升，肌肉注射，每日 2 次，连续注射 5 ~ 7 天。对严重病例用 3% 次磷酸钙溶液 100 毫升，静脉注射，每日 1 次，连续注射 3 ~ 5 天，也可用 10% 葡萄糖酸钙溶液 50 ~ 100 毫升，或 10% 氯化钙溶液 20 ~ 50 毫升作静脉注射。

五、猪锌缺乏症

锌缺乏症是饲料中锌含量绝对和相对不足所引起的一种营养缺乏症状，又称皮肤不全角化症。该病是一种慢性、非炎性疾病，临床上主要以生长缓慢、皮肤角化不全、繁殖机能障碍及骨骼发育异常为特征。本病发病率高，但一般无死亡。

（一）病因

本病病因尚未完全清楚，一般认为由原发性锌缺乏和继发性锌缺乏引起。

原发性缺锌主要原因是饲料中缺锌，土壤中锌不足是本病的主要原因。中国约30%的地区属缺锌区，土壤、水中缺锌，造成植物饲料中锌的含量不足，或者是有效锌含量少于正常。正常土壤含锌30~100毫克/千克，如低于30毫克/千克，饲料锌低于20毫克/千克时，易发生缺锌症。

继发性缺锌是因为饲料中存在干扰锌吸收利用的因素，已发现如钙、碘、铜、铁、锰、钼等，均可干扰饲料锌的吸收和利用。饲料中植酸、氨基酸、纤维素、糖的复合物、维生素D过多，不饱和脂肪酸缺乏，以及猪患有慢性消耗性疾病时，均可影响锌的吸收而造成锌的缺乏。

（二）临床症状

猪只生长发育缓慢乃至停滞，繁殖机能异常，骨骼发育障碍，皮肤角化不全；被毛粗糙无光泽，全身脱毛，个别变成无毛猪，创伤愈合缓慢，免疫功能缺陷以及胚胎畸形。病初便秘，以后呕吐腹泻，排出黄色水样液体，但无异常臭味，猪只腹下、背部、股内侧和四肢关节等部位的皮肤发生对称性红斑，继而发展为直径3~5毫米的丘疹，很快表皮变厚，有数厘米深的裂隙，增厚的表皮上覆盖容易剥离的鳞屑。临床上患病猪没有痒感，但常继发皮下脓肿。脱毛区皮肤上常覆盖一层灰白色，严重缺锌病例，母猪出现假发情，屡配不孕，产仔数减少，新生仔猪成活率降低，弱胎和死胎增加。公猪睾丸发育及第二性征的形成缓慢，精子缺乏。遭受外伤的猪只，伤口愈合缓慢，而补锌则可迅速愈合。

（三）诊断

依据日粮低锌或高钙的生活史，生长缓慢，皮肤角化不全，繁殖机能障碍和骨骼发育异常等临床表现，以及补锌的疗效迅速而又确实的特点，可建立初步诊断；测定血清和组织中锌的含量有助于确诊。血锌 800～1 200 微克每升，严重缺锌时，可下降到 200～400 微克/升以下。每千克饲料含锌在 20～100 毫克为正常，10～20 毫克稍低，低于 10 毫克易引起锌缺乏症。根据临床症状、饲料、血清锌可作出诊断。但是应注意与疥螨性皮肤病、渗出性皮炎、烟酸缺乏症、维生素 A 缺乏症及必需脂肪酸缺乏症等疾病相区别。

（四）综合防控措施

1. 预防

按饲养标准的补锌量每吨饲料内加硫酸锌或碳酸锌 180 克，也可饲喂葡萄糖酸锌。对于舍饲生猪，适当补饲不饱和脂肪酸的油类、酵母、糠麸、油饼及动物性饲料，也具有良好作用。注意青绿饲料的搭配，青饲料以干物质计算，每千克平均含锌约 30 毫克，尤以幼嫩植物含锌量较高。此外，大白菜、萝卜、黄豆含锌量均较高，有条件时可适当添加。

2. 治疗

每日一次肌肉注射碳酸锌 2～4 毫克/千克体重，连续使用 10日，一个疗程即可见效。内服硫酸锌 0. 2～0. 5 克/头，对皮肤角化不全和因锌缺乏引起的皮肤损伤，数日后即可见效，经过数周治疗，损伤可完全恢复。饲料中加入 0. 02% 的硫酸锌、碳酸锌、氧化锌对本病兼有治疗和预防作用。但一定注意其含量不得超过 0. 1%，否则会引起锌中毒。

六、猪异食癖

异食癖又叫异嗜癖，是以消化紊乱、味觉异常为特征的代谢病。主要表现为食欲反常，咀嚼平时不吃的各种异物。本病多见于怀孕前期或产后初期母猪，其他猪也可发生。猪的异食癖是养猪生产中经常遇到的问题之一，经过多年的临床统计发现，光照时间不足，气温低的冬、春季是该病高发时期；饲养管理不当、环境不适、饲料营养供应不平衡、疾病及代谢机能紊乱等是本病的诱因。猪由于长期异食，常常造成发育迟缓、消瘦、厌食，给养猪户造成一定的经济损失。

（一）病因

（1）饲养管理不当。饲养密度过大，温度、湿度过高，或同一圈舍内猪只大小、强弱悬殊等原因，均可影响。猪群的采食、饮水、活动、休息，可导致猪的情绪烦躁，易诱发异食癖。猪舍内有害气体含量过高，也可引起异食癖的发生。

（2）营养失调。饲料中矿物质不足，主要是钠、铜、钴、钙、磷、铁等不足，特别是钙、磷比例不平衡时更容易诱发本病。饲料中维生素缺乏，主要是 B 族维生素和维生素 D 缺乏时易发生。

（3）疾病。猪患肠炎、消化不良、体内外寄生虫感染及外伤出血等疾病时，可造成营养物质消化、吸收不良和额外消耗，易引发猪的异食癖。猪患有虱子、疥癣等体外寄生虫时，可引起猪体皮肤刺激而烦躁不安，在猪舍摩擦而导致耳后、肋部等处出现渗出物，对其他猪产生吸引作用而诱发咬尾。猪体内寄生虫病，特别是细颈囊尾蚴、猪蛔虫，会刺激患猪攻击其他猪。

（4）应激。因换料太急、营养差异太大、气候变化异常、惊吓等因素和猪舍光线过强也会引起猪群发生异食癖。

（5）生理原因。猪在性成熟过程中，体内激素分泌增加或异常，都会因兴奋而增加发生异食癖的可能性。

（二）临床症状

猪患异食癖表现为咬尾、咬耳、咬肋、吸吮肚脐，特别是喜食粪便、食尿、拱地、啃木棍，有闹圈、跳栏等现象。相互咬斗是异食癖中较为恶性的一种，表现为猪对外部刺激敏感，举止不安，食欲减弱，目露凶光。起初只有几只互相咬斗，逐步由多头参与，主要是咬尾，少数也有咬耳，被咬猪尾部脱毛出血，猪群进而对血液产生异食癖，危害逐步扩大。被咬猪常出现尾部皮肤和皮毛脱落，影响增重，被咬尾巴发炎红肿，严重时可继发感染骨髓炎和脓肿，若不及时处理可并发败血症等，从而导致死亡。

（三）综合防控措施

1. 预防

首先，应加强养殖场的饲养管理，合理安排圈舍。要合理分群，使同一圈舍的猪只体形尽量接近。圈舍内养殖密度要合理控制，避免密度过大，能够正常采食。密度控制夏季可稀一些，冬季可密一些。改善圈舍卫生，加强通风，及时更换圈舍垫料，使地面保持干燥，使圈舍保持适宜的温度、湿度和空气质量，及时清理猪粪尿，避免粪便污染、空气污浊等。

其次，保证饲料的营养平衡，并注意微量元素和矿物质的补充。应选用优质、干净的饲料。如日粮以玉米、豆粕为主就必须注意添加蛋氨酸来平衡氨基酸。在饲料中适量添加食用盐，应选用矿物质微量元素盐粉。同时，应对猪饲料的口味进行合理控制，可通过添加调味剂等方法避免猪只对异味物品的不良喜好。

2. 治疗

对患猪进行合理的控制。如个别猪发生异食癖时，应及时将患病猪和被攻击的猪单独饲养，尤其对被咬的猪进行隔离养殖，及时用高锰酸钾溶液清洗伤口，并涂上碘伏防止感染。若猪伤口发生感染时，可使用抗菌素进行治疗。

对有啃墙、啃圈习惯的猪，可喂红土或烧砖用的页岩粉末，以补充铁、锰、锌、镁等多种微量元素，同时可以在栏舍内放一些碎石给猪啃咬；有吃猪粪、鸡粪习惯的可肌注维生素 B_{12}，每次500~1 500毫克，1次/天，连用3~4天。

有吃石灰习惯的应在饲料中添加钙和磷，如熟石灰、骨粉等，也可在料中添加维生素 AD_2、维生素 E 粉或肌注维丁胶性钙5~10毫升，连用4~7天。

啃吃垫草的猪，可喂服多种维生素或肌肉注射复合维生素，每次 10~20 毫升，每天 1 次，连续 3~4 天。

有吃胎衣和胎儿习惯的母猪，除加强护理外，还可以用河虾或小鱼100~300克煮汤饮服，或在饲料中加鱼粉，每头猪50~100克每天，连续喂10~20天。

对爱啃砖头、吃煤渣、饮尿的猪，应在饲料中添加0.5%~0.8%的食盐，添加量不可超过1%，以防食盐中毒。

患寄生虫病的猪，应该及时驱虫，常用的驱虫药有丙硫咪唑、伊维菌素、阿维菌素等。

第四章
其他疾病

一、母猪子宫内膜炎

母猪子宫内膜炎是子宫黏膜的黏液性或化脓性炎症。其主要表现为细菌性子宫内膜炎和病毒性子宫内膜炎。细菌性子宫内膜炎以大肠杆菌、链球菌、葡萄球菌、棒状杆菌、绿脓杆菌、变形杆菌等细菌感染为主。病毒性子宫内膜炎以细小病毒、伪狂犬病毒、乙型脑炎病毒、呼吸繁殖障碍（蓝耳病）病毒的感染为主，多是患有此类疾病之后的后遗症。

（一）病因

母猪子宫内膜炎是由细菌性、病毒性、寄生虫性、营养性等多种因素所致。

母猪发情时子宫和阴道口开张而发生外源性感染；在分娩、难产、产褥期中机体抵抗力下降，加之母猪分娩时环境不洁，助产时发生损伤产道，或未进行无菌操作，胎衣不下，产后恶露，从而促成子宫内膜炎；人工授精器具消毒不彻底，输精达不到无菌操作规范标准，也是引起子宫内膜炎的重要原因；母猪发生亚临床的细小病毒、猪瘟、乙型脑炎、伪狂犬病或链球菌等所造成的内源性感染。

（二）临床症状

急性子宫内膜炎：多发生于产后几天或流产后，全身症状明显，母猪食欲下降、体温升高、拱背、频频排尿、努责、从阴门中不断地排出白色的含有絮状分泌物的脓性分泌物，当其卧倒时排出较多。

慢性子宫内膜炎：可分为慢性卡他性子宫内膜炎和慢性化脓性

子宫内膜炎。慢性卡他性子宫内膜炎，母猪一般无全身症状，体温有时略有升高，食欲和产奶量下降，发情周期不正常，有时发情正常但屡配不孕，冲洗子宫时回流液略浑浊，似淘米水或清鼻液；慢性化脓性子宫内膜炎，从阴门中常排出分泌物，卧下时较多，呈灰色、黄褐色、灰白色不等，阴门周围皮肤及尾根上黏附着脓性分泌物，干后形成薄痂，冲洗子宫时，回流液浑浊，像稀面糊状，有时见有黄色脓液。

（三）预防与治疗

1. 预防

（1）防疫注射。根据当地疫情，母猪产地疫病流行情况，给母猪进行相关疫病的免疫注射，如细小病毒、猪瘟、伪狂犬病、乙型脑炎、蓝耳病、钩端螺旋体、衣原体等。

（2）母猪保健。怀孕母猪适当运动，补充优质饲料，饲喂母猪全价饲料，加强母猪分娩前后的药物预防，增强母猪机体的抵抗力。

（3）清洁消毒、产前空栏消毒。产仔时母猪的乳房、阴部、产具、毛巾等都要做好清洗消毒，保持好产仔栏的清洁卫生。

2. 治疗

（1）冲洗子宫。用 0.1% 高锰酸钾 1 000～2 000 毫升，或 1% 盐水 1 000 毫升和 2% 碘酊 20 毫升。用灌肠器或 100 毫升金属注射器带长 50 厘米长的胃导管（简易输精管也可），反复冲洗子宫，清除积留在子宫内的炎性分泌物，直到冲洗子宫回流液变成澄清液即冲洗液原本的颜色即可。同时注射 5 个单位的缩宫素。

（2）宫内投药。冲洗子宫后，先用青霉素 160 万单位、链霉素 160 万单位，溶于 20 毫升生理盐水中，注入子宫内。

（3）注射治疗。较轻的子宫内膜炎，经冲洗、宫内投药后就能治愈，重者还必须配合肌肉注射青霉素 160 万～200 万单位，链霉素每次肌肉注射 100 万单位，每日 2 次。对体温升高的病猪，肌肉注射安乃近 10 毫升，或安痛定 10～20 毫升。冲洗子宫，宫内投药，肌肉注射，为一个疗程，若经 2~3 个疗程不能治愈者，应列入淘汰。

二、风湿病

猪风湿病在中兽医上又称痹症，是一种变态反应性疾病，主要是湿气侵害猪背、腰、四肢的肌肉和关节，同时也侵害蹄真皮、心脏以及其他组织器官，引起急性或慢性非化脓性炎症。

（一）病因

风湿病多发于寒湿地区和冬春季。风、寒、潮湿、过劳等因素在风湿病的发生上起着重要的作用。主要病因有 3 种：一是猪舍潮湿、阴冷、受贼风特别是穿堂风的侵袭；二是运动量不足，肌肉组织机械损伤或饲养管理不当、营养不良造成机体抵抗力下降；三是溶血性链球菌感染产生毒素、酶类，由抗原—抗体反应所致的过敏性反应。

（二）临床症状

该病的共同症状是突然发病，肌肉或关节疼痛，有转移游走性，症状随运动而减轻。

肌肉风湿症：急性发病突然发病。触诊患部肌肉表现疼痛不安，肌肉紧张有坚实感。病猪体温常升高，脉搏稍快，口色红，食欲减退。慢性症状，持续时间较长，患部肌肉弹性降低，萎缩，患部肌肉疼痛不如急性症时敏感。风湿性肌炎时常有游走性，时而一个肌群好转而另一个肌群又发病。

颈部风湿症：病猪颈部一侧肌肉发病时，健侧头颈部向患侧方向弯曲，呈现斜颈。两侧肌肉同时发病时，头颈僵硬，低头困难。

背腰风湿症：病猪背腰强拘，背腰僵硬不灵活。多呈现拱腰，后躯强拘，步幅短缩，常以蹄尖擦地前进，起立困难。

四肢风湿症：病猪运步僵硬，患肢迈步困难，步幅短缩，呈现黏着步样。两肢以上发病时，病猪喜卧地，起立困难，患肢跛行有时转移到另一肢体，跛行症状特征是随运动量的增加和时间的延长而有减轻或消失的趋势。

关节风湿症：通常突然发生或以转移形式发生于关节，前肢多发生于肩关节和肘关节，后肢多发生于膝关节和跗关节。急性发作时常伴有剧烈疼痛。

（三）诊断

根据风湿病发生的病史、观察病猪运动状态，触摸发病关节部位，如果病猪行走困难或成跛行，通过触诊病猪发出尖叫，并结合季节环境，可以作出初步诊断。

（四）预防与治疗

1. 预防

风湿病的流行季节及分布地区，常与溶血性链球菌所致的疾病的流行与分布有关。在链球菌感染流行后，常继而出现风湿病发病率的增高。抗菌药物的广泛应用，不仅能预防和治疗呼吸道感染，而且明显地减少风湿病的发生和复发。链球菌感染后 10 天内应用青霉素可以预防急性风湿病的发生。

预防本病尚缺乏行之有效的方法，主要是加强平时饲喂管理，增强抵抗力；对溶血性链球菌感染引起的疾病应及时治疗；注意防止机体过劳、受冷、受潮、雨淋及厩舍贼风。保持猪体及圈舍的清洁卫生，尤其是冬春季节。早春、晚秋和冬季要做好防寒措施，避免猪受寒感冒。并且注意饲料搭配，饲料中要含有足够的蛋白质、矿物质、微量元素和维生素。

2. 治疗

猪风湿病的治疗是以消除病因、加强护理、祛风除湿、解热镇痛、消除炎症为原则，除应改善病畜的饲养管理以增强其抗病能力外，一般采用综合疗法效果最佳。

治疗方案：10% 水杨酸钠注射液 20～30 毫升，5% 葡萄糖 500

毫升，分别静脉注射，1次/天，连用3~5天。如有体温升高者用30%安乃近，复方氨基比林10毫升，一次肌肉注射，1次/天，连用3~5天。配合醋酸可的松注射液200毫克肌肉注射，1次/天，连用5次，会有更佳的效果。使用抗生素控制急性风湿病的链球菌感染。首选青霉素，肌肉注射，2次/天，连用3~5天。

三、猪应激综合征

猪应激综合征是一种应激症候群，以良种、瘦肉型、生长速度快、运输后待宰、封闭饲养的猪为多发群体，病猪屠宰后，肉色苍白，肉质柔软且有水分渗出，大大影响了猪肉的品质。

（一）病因

遗传因素：某些品系的猪易发生猪应激综合征，如波中猪、皮特兰猪等，这些品种的猪均属于瘦肉型、身体结实、肌肉丰满、腿短股圆。此外，红细胞抗原为H系统血型的猪也多为应激易感猪。与普通猪相比，易感猪较难管教，受惊后常表现为尾部和肌肉的发抖。有研究表明，猪应激综合征的遗传学病因可能是由于氟烷基因的存在。

环境刺激：猪因受到不良因素刺激产生应激反应，以提高机体对环境的适应性。这些不良刺激源包括饥饿、高温、缺氧、惊吓、捕捉、运输、驱赶、拥挤、混群、噪声、电刺激、空气污染、环境突变等。这些应激源刺激机体后，导致猪垂体—肾上腺皮质系统产生特异性障碍与非特异性的防御反应，造成了猪应激综合征的发生。

猪体内营养元素的缺乏：有研究表明，当猪机体内缺乏维生素A、维生素D、维生素E、微量元素硒、蛋白质等营养元素时，就可能会导致猪应激综合征的发生。

其他因素：高血压、感染、创伤、中毒、过劳、防疫、交配、阉割、分娩、仔猪断奶、神经紧张等均可引起猪应激综合征的发生。

（二）临床症状

（1）猪心性急死，也称致死性昏厥、急性心衰竭。主要特点是急性死亡，仔猪和肥育猪都可发生，死亡多突然发生于酷热的季节，事先无任何症状。

（2）桑葚心病，主要发生于 3~4 月龄的猪，常突然暴发死亡。

（3）猪急性高热症。多见于待宰的肥育猪。前期表现为肌肉颤抖和尾发抖，继而表现呼吸困难，体表有充血、紫斑，体温迅速上升，可达到 43℃，心跳亢进，后肢痉挛收缩。重者进一步发展，导致全身无力，肌肉僵硬，最后死亡。

（4）慢性应激死亡。噪声、冷应激、饥饿等都可能产生不良的累积效应，致使猪的生产性能下降，抗病力降低。

（三）病理变化

（1）猪心性急死，主要特点是急性死亡，心肌及全身横纹肌变性。

（2）桑葚心病，最典型的病变是心脏广泛出血，心脏外观如桑葚。

（3）肉质变化，屠宰后肌肉水肿、变性、坏死及炎症，眼观色淡，有渗出液，质地松弛，俗称水猪肉。或猪肉色泽深暗，质地粗硬，切面干燥，保水能力差，切割时没有液体渗出，俗称暗猪肉。

（4）慢性应激死亡，主要特点是猪心脏肥大（以右心及中隔最为明显），肾上腺肥大、胃肠溃疡等。

（四）诊断

该病主要根据应激原、临床症状和病理剖检等作出初步诊断。

（五）预防与治疗

1. 预防

（1）杜绝遗传因素等发病内因。选择抗应激的猪种，不留用对外界刺激敏感的或有应激敏感病史的猪种。

（2）消除应激源。改进饲养管理猪舍要宽敞且通风良好，防止温度变化不定、噪声、骚扰等环境不良因素；混群要多加注意，避免咬架、拥挤等现象的发生；出栏前 12～24 小时内减少饲料饲喂量或不进行饲喂，饮用口服补液盐水；车船运输或陆路驱赶时，避免猪只受到惊吓等过分刺激；在转群、出栏、运输、交配、断奶前，可应用氯丙嗪等抗应激药物或抗应激添加剂对应激敏感型猪进行预防注射，以防止应激现象的发生。

2. 治疗

视发病程度分开治疗对已受到应激源刺激的猪应单独饲养，立即进行治疗。对于发病较轻的猪，可让其多休息，多补充营养，以达到自愈的目的。

药物治疗对重症猪可肌肉注射或口服剂量为 1～3 毫克/千克的氯丙嗪，或剂量为 50～60 毫克/千克的苯巴比妥，或剂量为 50 毫克/千克的催眠灵，或静脉注射 5% 碳酸氢钠 40～120 毫升；为防止过敏性休克和变态反应性炎症，可用适量地塞米松磷酸钠或氢化可的松等皮质激素静脉注射进行治疗。

四、乳房炎

母猪乳房炎是规模化猪场的一种较常见的繁殖障碍性疾病。

乳房炎指乳腺的感染，乳腺感染分成两类：一是简单型的感染，乳腺局部发热、肿胀和疼痛。母猪一般无全身症状；二是毒血型的感染，全部乳区肿胀、无乳，母猪发烧、食欲不振，严重的病例造成死亡。临床上常表现为母猪体温升高、食欲减退，乳区呈现红、肿、热、痛等炎性反应，同时伴有乳房质地硬实、少乳、无乳甚至破溃流脓等症状。

（一）病因

1. 卫生条件差及饲养管理不当

猪舍地面粗糙不平，乳房易受到磨擦，致使乳房感染，诱发乳房炎，特别是腹部松弛，乳房下垂贴地的经产母猪。母猪分娩过程中劳累过度，尤其是夏天难产，猪圈面积少，通风不良，使得血流循环受阻，乳房容易水肿，加之管理不到位，容易引起母猪乳腺发病。母猪分娩后，机体抵抗力相对处于弱势，很容易使母猪感染细菌或寄生虫，诱发乳房炎。母猪产前消毒不严是导致乳房炎发生的一项重要诱因。

2.营养调控不合理

近年来，养猪业推广早期断奶，而此时母猪的泌乳机能仍处于较为旺盛阶段，这时乳汁得不到仔猪的吮吸而淤积于乳房内，使乳房肿胀，压迫血管，导致乳区营养成分堆积和代谢产物的蓄积而发病。另外，对母猪泌乳期进行营养补饲的过程中，如果补饲的方法失当、补饲时间过早，往往在母猪分娩后就补饲，且补饲的饲料过多、质量过好，导致母猪泌乳量过多而引发乳房炎。

3.病原微生物感染

病原微生物感染一直是母猪乳房炎发病率居高不下的重要因素。病原微生物分为：

（1）传染性病原菌：主要病原菌是无乳链球菌、停乳链球菌和金黄色葡萄球菌；

（2）环境性病原菌：这类病原菌有大肠杆菌、乳房链球菌、化脓性棒状杆菌等；

（3）真菌和病毒：这类主要有念珠菌属、毛孢子菌、酵母样芽状菌、胞浆菌属以及病毒等。

4.其他疾病

母猪患子宫内膜炎后，由于细菌毒素和子宫内炎性分泌物不断产生，周围血流不畅，经络受阻，波及乳房，导致发生乳房炎。同时，母猪乳房炎可继发于其他的疾病，如：产后热、阴道炎、子宫内膜炎等。

（二）临床症状

简单型乳房炎，呈现一个或多个肿胀疼痛的乳腺，病症可能自已消失或变成慢性病例,甚至仔猪断奶后,乳腺发红、肿胀、硬结,发热并伴发疼痛。乳腺常分泌脓汁。乳汁含有絮状物,或有灰褐色、粉红色乳汁排出。还可排出黄色黏稠脓汁乳。毒血型乳腺炎,乳腺皮肤紫色、坏疽。母猪通常会死亡。但这种乳房炎不普遍。

(三)预防与治疗

1. 预防

母猪乳房炎是猪群多发的问题,这意味着母猪在泌乳时乳头经常损伤,以及环境可能严重受到细菌的污染,应确认导致的病因后加以改正。

(1)科学补饲。补料要根据母猪膘情体况、泌乳状况及仔猪大小、数量等灵活掌握,防止营养不足或过剩。通常情况下,分娩后初期,不宜过早补料,更不宜补含蛋白质高的饲料。对已发生泌乳性过剩的,要及时适量添加粗饲料。后期仔猪个体渐大,母猪泌乳即将不足时,应及早补料。

(2)要加强母猪猪舍的卫生管理。保持猪舍干燥清洁。定期消毒,维护躯体健康,保持乳房、乳头清洁,避免受细菌、寄生虫的侵袭。

(3)加强和改善分娩护理。产前要严格消毒乳房,母猪分娩时,尽可能使其侧卧,助产时间要短。仔猪出生后及时剪掉犬齿,并帮助其固定奶头,防止哺乳仔猪咬伤乳头。在分娩栏内应正确使用消毒剂来保持良好的卫生状况;修好粗糙的地面,以及确保垫料的干净。分娩后经常按摩乳房,促进血液循环和保证泌乳通畅,充分供给母猪饮水,适当补充青绿饲料和多汁饲料。

(4)药物预防。可用维生素 B_6 预防断奶母猪乳房炎的发生。具体方法:维生素 B_6 2毫升(5毫克)10支,于断奶前5天肌肉注射,每天2次,连用5天,可使乳汁停止分泌。或维生素 B6 片剂(5毫克)10片,混入日粮,每天喂2次,断奶前后连服7天,也可以使乳汁停止分泌。

2. 治疗

(1)发病母猪应立刻注射针剂抗生素。由于病原复杂,最好是用广谱抗生素治疗。用 0.25% ~ 0.5% 普鲁卡因液 100 ~ 200 毫升，一次静脉注射，可减少全身对疼痛的敏感性，缓解病区疼痛，加速病区的新陈代谢，称血管感受器封闭疗法。

（2）白细胞介素—Ⅱ是一种免疫增强剂，按每 20 千克体重 1 毫升肌肉注射，能提高抗菌素的疗效，缩短病程。

五、产后无乳症

母猪无乳综合征，又称母猪泌乳失败。是母猪产后的常见病之一，其特征是在母猪产后 13 日逐渐表现少乳或无乳、厌食、便秘、对仔猪淡漠等。仔猪由于得不到充足的母乳而变得瘦弱，易发病，死亡率较高，给养殖业造成严重的损失。

（一）病因

关于母猪无乳综合征的病因有 30 多种，如应激、激素不平衡、内分泌失调、管理不当、乳房炎等。

（1）母猪妊娠期间管理不当，乳腺发育不好，

（2）母猪年老体衰，生理机能减退。此类猪应尽量淘汰。

（3）母猪配种年龄过早，乳腺发育不良。

（4）纯种外种母猪会有不明原因的无奶或奶水不足。

（5）内分泌失调，母猪过分肥胖，乳房沉积脂肪过多。

（6）母猪抵抗力差，产圈不洁，引起乳房炎。

（二）临床症状

母猪产后表现精神沉郁、不食，体温升高，乳腺肿大，不分泌乳汁，仔猪吸吮乳头时，母猪拒绝哺乳。

（三）综合防控措施

1. 预防

（1）加强母猪产前的饲养管理。妊娠期饲料应切实按照"高—低—高"的模式，保证合理掌握喂量，同时饲料要营养全价。

怀孕母猪膘肥体壮奶水才多，因此要喂养好怀孕后期的母猪。每头母猪每天应喂给混合精料不少于 2 000 克（其中应有不少于 500 克的豆饼）、骨粉 30 克、食盐 25 克。此外，还要喂给质量较好的青绿多汁饲料，如胡萝卜、白菜、大头菜、萝卜、瓜类等蔬菜。母猪在分娩前要达到 8 成膘以上。

（2）养好产后哺乳母猪。母猪产仔后第一个月内要比第二个月内多产奶 30%，因此，母猪产仔后 30 天内营养需要量更大，所喂饲料营养要丰富。在此期间每头母猪每天喂给不少于 3 000 克混合饲料（其中应有不少于 750 克的豆饼和 250 克的鱼粉）、骨粉 50 克、食盐 50 克，并要多喂些洗净的青绿多汁饲料。这样才能保证母猪多产奶、产好奶，仔猪成活率高。

（3）按摩温敷：初产母猪因性激素分泌不足而缺奶，可用手揉母猪乳房，每天早晚两次，每次 20 分钟。此外，有些初产母猪乳头孔被堵塞，可结合手揉乳房，用手适当挤压乳头，将乳头孔的乳塞挤出来，以实现流畅泌乳。用 45℃温热毛巾温敷母猪乳房，每天上午、下午各 1 次，每次温敷 10 分钟，促进乳房血液循环，增加产奶量。

2. 治疗

（1）由内分泌失调引起的缺奶，可注射垂体后叶素 20 单位，每天 1 次，连用 4 次。

（2）催乳灵注射液，用量按说明书规定使用，肌注，每日 1 次，连用 3 次；或催产素，每头 20～30 单位，肌注，每日 1 次，连用 3 次。

（3）维生素 E 100～200 毫克内服，20 国际单位催产素加 10% 的葡萄糖溶液 500 毫升静脉注射，药后按摩其乳房。

（4）饲喂胎衣。将胎衣煮熟分 3～5 次，连汤喂母猪。

（5）红糖 300 克、黄酒 300 克、鸡蛋 2 个，拌入料内喂猪，连喂 3～4 天。

（6）中药治疗：王不留行 40 克、穿山甲 15 克、木通 10 克、黄芪 20 克、当归 20 克、党参 20 克、混合煎水给母猪内服，每日 1

次，连用2次。

六、猪咽炎

猪咽炎多发生于寒冷季节，是指咽黏膜、黏膜下组织、软腭、扁桃体、肌肉及咽后淋巴结、咽淋巴滤泡及其深层组织的炎症。临诊体征为咽下困难或无法吞咽。

（一）病因

咽部及周围组织的血液循环极其丰富，分布有较多的血管和神经纤维，由于机体抵抗力下降致黏膜防卫机能降低，感染各种致病菌以及刺激因素使咽部黏膜发生炎症。

原发性病因：机械性、温热性和化学性刺激。粗硬的饲料或异物、霉败的饲草和饲料对咽部组织的刺激；过热过冷的饲料、化学物质刺激。食入或吸入浓度较大、刺激性较强的物质，如强酸、强碱、甲醛、氨水、氯气、芥子气等。

继发性病因：受寒、感冒时，猪体的抵抗力降低，从而感染链球菌、葡萄球菌、大肠杆菌、沙门氏杆菌等；感染口炎、食管炎、猪瘟、口蹄疫等疫病时可继发咽炎。

（二）临床症状

病猪表现采食缓慢，咽部触诊敏感。咽下困难或无法吞咽。吞咽时头颈伸展、流涎、出现呕吐。体温升高，精神沉郁，鼻孔流出混有食物的脓性鼻液。猪常伴发喉炎，表现呼吸困难，咳嗽，张口呼吸，呈犬坐姿势。咽腔视诊，可发现咽部、软腭、扁桃体充血及肿胀，甚至糜烂、坏死，有脓性或膜状覆盖物。

（三）诊断

根据本病的临诊症状如咽部敏感、病猪头颈伸直、鼻孔流出混有食物的脓性鼻液、吞咽障碍和病理变化可做出诊断。

（四）预防与治疗

1. 预防

加强饲养管理，避免用粗硬饲料、过冷过热饲料、冰霜冻结及腐败变质的饲料等喂猪，注意环境卫生。冬季注意保暖，防止受寒感冒、过劳。

2. 治疗

控制原发病，全身应用抗生素或磺胺类药以抑菌消炎。咽喉部先冷敷后温敷，首先用 3% 的硼酸或 0.1% 的高锰酸钾溶液冲洗，出现溃疡时可局部涂抹 1% 的碘甘油。或涂擦樟脑酒精、鱼石脂软膏、止痛消炎膏、醋调复方醋酸铅散等，必要时，可用 2%~3% 的食盐水或碳酸氢钠溶液进行喷雾吸入，重剧性咽炎可用 10% 水杨酸钠静脉注射，用 0.25% 的普鲁卡因溶液 20 毫升、青霉素 80 万~160 万单位咽喉封闭。对于采食和吞咽困难的病猪，可静脉注射葡萄糖和电解质，补充 B 族维生素。

七、肠便秘

猪的肠便秘是由于肠腔内容物停滞，水分被吸收而干燥，使肠腔阻塞的一种腹痛性疾病。猪的肠便秘是个体养猪中偶发的一种肠道疾病，各种年龄的猪都有发生，而以小猪较多发，便秘部位经常发生在结肠。

（一）病因

1. 原发性

（1）饲喂多量的粗硬劣质饲料，如砻糠、蚕豆糠、干红薯蔓、花生蔓等。

（2）饲料中混有多量泥沙。

（3）饮水不足，缺乏适当运动。

（4）断乳仔猪突然变换饲料，缺乏青绿饲料。

（5）妊娠后期或分娩不久的母猪伴有肠迟缓时，也常发生便秘。

2. 继发性

主要见于某些肠道的传染病和寄生虫病，例如猪瘟的早期阶段，慢性肠结核病、肠道蠕虫病等，均可呈现肠便秘。其他原因如伴有消化不良的异嗜癖，去势引起肠黏连甚至母猪去势时误将肠壁缝合在腹膜上，也可导致肠便秘。

猪肠便秘有时并不是一个原因造成的，而是几个原因共同作用的结果，更可能是由于应激及其他因素的综合作用发生的。

（二）临床症状

病猪不断努责做排粪姿势，但只排出少量附有黏液的干硬粪球。精神沉郁，食欲减退，饮水增多，呼吸增数。偶尔见有腹胀、起卧不安，因腹部疼痛而回视腹部。后期排粪停止，肠音减弱或消失，伴有肠臌气时，可听到金属性肠音。触诊腹部，小型或瘦弱的病猪可摸到肠内干硬的粪球，多呈串珠状排列。十二指肠便秘时，偶有呕吐或黄疸表现。结肠便秘粪块压迫膀胱，会伴发尿闭症状。后期肠壁坏死。可继发局限性或弥漫性腹膜炎的症状。

（三）诊断

根据饲喂的饲料情况、临诊症状、病史做出诊断。

（四）综合防控措施

1. 预防

应从改善饲养管理着手，合理搭配饲料，粗料细喂，增加青绿多汁饲料，如萝卜、白菜等。每天保证足够的饮水，给予适量的食盐及适当的运动。不用纯米糠饲喂刚断乳的仔猪。

2. 治疗

先解除病因，在大便未通前禁食，仅供给饮水，若肠道尚无炎症，可用蓖麻油或其他植物油 50～80 毫升投服。已有肠炎的可灌服液体石蜡 50 ~ 200 毫升，或用温肥皂水深部灌肠。若上述方法无效，可在便秘硬结处经皮肤消毒后，直接用针头刺入硬结部中央，再接上注射器，注射液体适量，15 分钟以后，用手指在硬结处轻擀、按搓，将硬结破碎开，然后再肌肉注射硫酸新斯的明注射液 3 ~ 9 毫升。

对于直肠便秘，应根据猪体的大小，用手指掏出。先在手指上涂上润滑剂，然后将手指插入肛门，抵到粪球后，用指尖在粪球中央掏挖，待体积缩小后，将粪球掏出。

腹痛不安时，可肌肉注射 20% 安乃近注射液 3 ~ 5 毫升，或 2.5% 盐酸氯丙嗪液 2 ~ 10 毫升，或强尔心注射液 5 ~ 10 毫升皮下或肌肉注射。病猪极度衰弱时，应用 10% 葡萄糖液 250 ~ 500 毫升，静脉或腹腔注射，每日 2 ~ 3 次。或大黄、麻仁、桃仁、郁李仁各 15 ~ 30 克，煎汁去渣，加食用油 60 毫升灌服或针灸百会、尾尖、山根等穴治疗。

八、猪肠扭转

肠扭转是肠管本身伴同肠系膜呈索状的扭转，或因病中疝痛打滚使肠管缠结，造成肠管变位而形成阻塞不通。常发生于空肠和盲肠。

（一）病因

过冷的食物或水进入机体后，刺激部分肠管产生痉挛性的剧烈蠕动，而其他部分肠管处于弛缓状态，前段肠管内的食物迅速向后移动，若此时猪处于被驱赶状态，猛跑中摔倒或跳跃，肠管内食物不均衡，在频繁起卧或打滚时，肠管在剧烈的震荡中易发生扭转或缠结。

（二）临床症状

病猪废食，起卧不安，甚至打滚，嘶叫，部分肠管膨胀。若空肠扭转短时间尚有排粪，若盲肠扭转时不排粪。体温一般无变化，当疼痛剧烈翻滚、四肢乱蹬时可达40℃或更高。按压腹部有固定的痛点，叩诊腹壁可听到鼓音。

（三）剖检变化

肠顺时钟或逆时钟方向扭转，局部肠管瘀血肿胀，而缠结则无定型。部分肠管胀气，严重时肠坏死或破裂。

（四）诊断

病猪突然不吃，腹痛剧烈，起卧不安，打滚，嘶叫，不排粪，触摸腹壁有固定痛点，附近叩诊有鼓音，打滚时体温升高，剖腹检查可确诊。应注意与肠便秘、肠套叠相区别。

猪肠便秘与肠扭转、肠套叠的鉴别诊断见表。

表　猪肠便秘与肠扭转、肠套叠的鉴别诊断

类别	肠便秘	肠扭转	肠套叠
发病特点	多发于饲喂多量的粗硬劣质饲料、更换饲料、缺乏青绿饲料或饮水不足时	多发于吃食冰冷食物、剧烈运动、频繁起卧或打滚时	多发于断奶后至40千克重的仔猪，哺乳仔猪、中猪、大猪阶段的猪发病较少。多在体质较弱、易受惊吓的猪只中发病
主要临床症状	精神沉郁，食欲减退，饮水增多，呼吸增数。病猪不断努责做排粪姿势，但只排出少量附有黏液的干硬粪球。后期排粪停止，肠音减弱或消失，伴有肠臌气时，可听到金属性肠音	病猪废食，起卧不安，疼痛剧烈翻滚，嘶叫，部分肠管膨胀。若空肠扭转短时间尚有排粪，若盲肠扭转时不排粪	体温稍略偏高。压腹部有疼痛。废食，有剧烈腹痛，拱背，腹蜷缩，前肢跪地，后躯抬高，严重时突然倒地，四肢划动或打滚，不断嘶叫，呻吟。排少量的稠稀粪，稍后带血液

（续表）

类别	肠便秘	肠扭转	肠套叠
诊断要点	触诊腹部，小型或瘦弱的病猪可摸到肠内干硬的粪球，多呈串珠状排列	病猪突然不吃，腹痛剧烈，起卧不安，打滚，嘶叫，不排粪。触摸腹壁有固定痛点，附近叩诊有鼓音。打滚时体温升高，剖腹检查可确诊，常1～2天死亡	呕吐，废食，剧烈腹痛。排少量带血的稠稀粪。腹压疼痛。腹膜不厚之处可触摸到香肠样的肠段，质地软但比正常肠段稍硬。必要时可进行X光检查

（五）预防与治疗

加强仔猪饲养管理，不喂有刺激性或过冷的饲料和水，猪在运动中不要驱赶过急以防摔倒。对不够屠宰而正生长发育的育肥猪或母猪，可在剖腹检查时作手术纠正。对发生扭转缠结局部肠管涂以油剂青霉素防止粘连，缝合后每天注射抗生素，以消炎和防止感染。

九、猪肠套叠

猪的肠套叠即一段肠管套入相邻的一段肠管，临床上主要表现为突然剧烈腹痛，大多发生于哺乳或断奶仔猪。主要见于十二指肠及空肠偶见于回肠。

（一）病因

仔猪在饥饿或半肌饿时，肠管长时间处于弛缓和空虚状态，当刺激性食物由胃进入肠腔，前段肠肌伴随食物急剧蠕动，套入相邻接的后段肠腔中。

（二）临床症状

病猪突然不食，发生剧烈的腹痛。常翻倒滚转，鸣叫，四肢划动或跪地爬行。也有腹部收缩，背拱起，或前肢伏地，头抵于地面，卧立不安，发出哼声。初期频频排粪，后期停止排粪，常排出黏液。体温一般正常，但并发肠炎或肠坏死时，体温可轻度上升。结膜充血，呼吸及脉搏数增加，十二指肠套叠时常呕吐。

（三）诊断

病猪呕吐、废食、剧烈腹痛，排少量含有血液的黏稠稀粪，腹部有压痛，腹膘不太多的猪可摸到香肠状的肠段。用 X 光可确诊。应注意与肠扭转相区别。

（四）预防与治疗

对仔猪应加强饲养管理，保持圈舍卫生，避免猪食入异物，不喂有刺激性的饲料，轻度的肠套叠可能自行恢复，严重的肠套叠常在数小时内死亡，慢性的常伴发肠壁坏死且预后不良，早期确诊后施行手术整复有治愈的希望。要保证母猪泌乳正常，注意饮温水（尤其天冷时），禁止粗暴追赶，捕捉、按压，如遇骤冷天气注意保暖，避免因受寒冷刺激而激发肠痉挛。

十、猪难产

猪难产是指母猪在分娩过程中，胎儿不能顺利产出的一种疾病。胎儿最大的横段面的长度不足母猪骨盆口直径的一半，母猪发生难产的情况不是很多，但是最近几年，由于母猪的品种进行不断的改良，大面积推广人工授精技术以及一些其他的外在因素，导致母猪在生产过程中时常发生难产这一现象。这种情况给养殖业带来了不小的损失。

（一）病因

多因营养不良，运动太少，体质虚弱，无力排送胎儿或临产时耻骨不开所致。此外如胎儿过大，胎位不正，阴道狭窄以及新母猪过早配种等因素亦可导致本病。

（二）临床症状

多数难产母猪极度不安，陷于疲劳而侧卧或伏卧，呈疼痛苦闷状，产程超过 4 小时。初期，难产猪与正常分娩猪的精神、形态、行为没有明显的区别，也不见异常的分娩征兆。随着分娩过程的推进，才渐渐出现病症：有的猪频繁而强烈地阵缩与努责，并伴有反复、快速举尾摇尾动作，却不见产出仔猪多见于产道性或胎儿性难产，此时仔猪和脐带已进入产道；有的猪产出一至数头仔猪后，分娩中断，努责不明显或完全停止，这种情况多见于继发性产力性难产。典型的原发性产力性难产母猪，往往在胎囊、羊膜破裂，胎水流出后，躺卧不动，没有可见的阵缩、努责反应，有的有轻微的痉挛，强行驱赶也不愿站起，仔细检查发现阴户有或曾经有黏液、少量血液、胎粪流出（有时只能以产床上下的胎粪为凭）。

（三）诊断

根据临床症状，如：子宫部视诊、触诊怀疑有仔猪未分娩出等即可做出初步诊断。

（四）预防与治疗

1. 预防

（1）加强母猪的饲养管理。保证妊娠母猪的饲料全价优质，营养水平适宜，尤其注重满足与繁殖机能密切相关的维生素和矿物质的需要，并依据猪体形大小、胎次、季节（气温）等综合因素灵活控料，防止猪过肥与瘦弱。保证环境特别是产栏安静、温湿度适宜。让妊娠母猪适当运动，最好于产前 1 个月赶入传统猪舍饲喂，任其自由活动。细心照顾妊娠末期和生产母猪，全程监护分娩。

（2）高标准严格选择后备猪，要求后躯丰圆，尾根高举，外阴发育良好。坚持适龄（8 月龄以上）、适重（体重 110 千克以上）配种，及时淘汰高龄多胎次母猪。

（3）把好防疫关，坚持系统防疫观点，按免疫程序高质量接种好各种疫苗，定期消毒、驱虫、灭鼠、扑蚊，及时有效诊治各种普通疾病，控制木乃伊、死胎、畸形胎的发生。

2. 治疗

（1）徒手按摩法。用双手轻轻按摩，让母猪保持安静然后拖住母猪的腹部后侧，随着母猪努责的频率，用力向臀部推送胎儿，使其慢慢产出；如果胎儿只有头或腿产出，可以徒手抓住仔猪的头或腿轻轻拉出，但不要抓仔猪下颌，容易造成撕裂。

（2）药物助产法。如果仔猪还无法产下，可给母猪注射催产素，每隔30分钟肌肉注射或皮下注射10万～50万单位催产素，为防子宫强烈收缩，可分5次注射，5～10分钟后子宫收缩，胎儿就会自行产出。用催产素处理之前，最好先肌肉注射15毫克左右的雌二醇，这样效果会更加明显。

（3）人工助产法。如果上述两种方法还不能让仔猪产出，就要采用人工助产的方法了。助产前要选手小点儿的人员，让其把手指甲剪平磨光，用肥皂水清洗，并涂抹凡士林让手部润滑，然后五指紧紧并拢成锥形，后慢慢将手伸入猪的产道内，抓住胎儿的适当部位，最好是耳部，随着母猪的努责频率，将胎儿慢慢拉出，如果胎位不正，要先纠正仔猪的胎位，然后将胎儿慢慢拉出。在这一过程中，要尽量小心谨慎，以免造成母猪产道损伤，也要防止母、仔猪受伤感染，助产后要及时给母猪注射抗生素等药物，以达到抑菌消炎的作用。

（4）剖腹取胎法。如果仔猪用以上方法还是无法产下来，必须请专业兽医进行剖腹取胎。常用的难产手术助产方法有4种，即牵引术、矫正术、截胎术和剖腹术。

（5）抗感染。难产母猪容易继发子宫内膜炎甚至败血症。所以，自难产发生时起宜首先连续使用1～2天的广谱抗生素，如磺胺类、头孢菌素类、喹诺酮类药物等。

十一、猪流产

流产是指由于胎儿或母体异常而导致妊娠发生扰乱，在胎儿出生、具备生存能力以前中止妊娠的现象。它可发生于妊娠的各个阶段，但以妊娠早期较为多见。母猪发生流产除造成产仔数减少外，母猪配种后流产还可造成母猪繁殖周期延长，甚至造成一些母猪完全丧失生育能力，进而淘汰，给养猪者带来较大的经济损失。

（一）病因

（1）生殖道疾病性流产：患有子宫炎、阴道炎都可使胎儿生长发育发生障碍而引起流产。

（2）妊娠激素失调：主要是孕酮分泌不足和雌激素过多而引起流产。

（3）饲养性流产：是指饲料品质不良或饲喂方法不当，如饲喂发霉变质的饲料，含有农药、有毒植物、亚硝酸盐等的饲料均可造成流产。

（4）损伤性流产：怀孕母猪被挤压、跌倒、强力捕捉、捆绑等可使胎儿受到机械损伤而流产。

（5）应激性流产：强烈的噪声、过度的惊吓、追捕、长途颠簸运输等，可使母猪精神过度紧张，肾上腺素分泌增多，反射性地引起子宫收缩导致流产。

（6）医源性流产：给怀孕母猪实施治疗时保定不当或使用了促子宫收缩的药物，如大剂量的地塞米松，新斯的明、雌激素、催产素、催情药以及使用大量泻药等；还有使用具有破血、行瘀的中草药，如红花、桃仁等都可引发流产。

（7）传染病性流产：有些传染病可引起流产，如猪瘟、细小病毒病、乙型脑炎、伪狂犬病、衣原体病、布氏杆菌病、沙门氏菌病、繁殖与呼吸综合征、Ⅱ型圆环病毒、链球菌病、流感等。

（8）寄生虫性流产：如附红细胞体病、弓形体病、鞭虫病、血吸虫病等。

（二）临床症状

（1）隐性流产：母猪不表现明显的临诊症状。常见于胚胎早期死亡，表现为屡配不孕或返情推迟，妊娠率降低。可能是全流产，也可能是部分流产。发生部分流产时，妊娠仍可维持下去。

（2）早产：其临产预兆和产程与正常分娩相似。胎儿是活的，但未足月即提早产出。因怀孕时间短，胎儿生命力较弱，如能做好保温、协助吮乳或人工喂乳尚可存活。

（3）死胎：有三种形式。第一种是胎儿已死，但未发生变化。死亡胎儿对母体而言已是异物，引起子宫收缩，数天后连同胎衣一起产出。第二种是胎儿干尸化，又称木乃伊胎。胎儿死后，因子宫颈口闭锁，加之子宫收缩很微弱，死胎仍存在于与空气隔绝又无其他微生物的子宫腔内，胎儿与胎衣的水分被子宫吸收，体积缩小而干硬，胎衣又紧裹胎儿体表，呈"纸质样"，致干硬缩小的死胎成为黑色。到分娩时，随同正常胎儿一起产出。第三种是胎儿浸溶：胎儿死于子宫内，由于子宫颈口已张开，微生物进入子宫内，侵入死胎体，使死胎软组织液化分解被排出母体外，余下的骨骼仍残存于子宫内，引起母猪发病：体温升高，厌食、腹泻、阴道经常流出恶臭的脓性液体及小骨片。如不及时清出子宫内残存胎儿的骨骼，将引起母猪的子宫炎，甚至导致败血症死亡。

（三）诊断

流产病因的确定需要参考流产母猪的临床表现、发病率和生殖器官及胎儿的病理变化等，怀疑可能的病因并确定检测内容。

（1）早孕因子是妊娠依赖性蛋白复合物，配种或受精后不久在血清中出现，胚胎死亡或去除后即消失，它的出现和消失可用于胚胎死亡的诊断。

（2）妊娠早期母猪的血液或乳汁中孕酮一直维持高水平，一旦孕酮水平急剧下降，可确诊胚胎已经死亡。

（3）传染性及寄生虫性流产，在临床检查和病理剖检的基础上，将胎儿、胎膜以及阴道分泌物送到实验室检验并进行血清学检查。

（四）预防与治疗

1. 预防

加强对怀孕母猪的饲养管理，根据母猪各妊娠期的营养需求，给予数量足质量高的饲料。严禁饲喂霉败、腐败等有毒饲料。饲喂要定时定量，防止饥饿、过渴、暴饮和暴食；母猪怀孕期要防止挤压碰撞，保持栏舍干燥、卫生，定期消毒。冬季要保温防寒，夏季要降温防暑。

2. 治疗

治疗的主要原则是在可能的情况下，制止流产的发生；当不能制止时，应促进死胎排出，以保证母猪及其生殖道健康不受损害；针对不同情况，采取不同措施。

（1）对有流产征兆（胎动不安，腹痛起卧，呼吸、脉搏数增加等）而胎儿未被排出时，应全力保胎，以防流产，应注射黄体酮15～25毫克/次。

（2）对保胎无效，流产胎儿排出受阻时，按难产进行救助，并注意产后治疗，预防不孕症；对延期流产，应设法排出胎儿；确诊胎儿浸溶和中毒时，必须使用抗生素。

（3）对传染性流产，要特别注意隔离和消毒，针对不同病原实施免疫及治疗。

十二、猪死胎

猪的死胎是繁殖障碍的一种，影响着养猪业的发展和猪场的经济效益。胎儿早期死亡形成木乃伊，后期死亡多是死胎。死胎不腐败，有的全身水肿，胸、腹腔积水，有的鼻、躯干呈青紫色。该病以初产母猪居多，经产母猪已具有一定的免疫力，死胎可大大减少。

（一）病因

营养与饲料方面：在母猪的饲料中，由于蛋白质、矿物质和维生素等的不平衡，都可引起营养障碍，特别是锌、碘、锰、铜等的缺乏，维生素 A、维生素 B、维生素 D、维生素 E 的不足等，均可导致母猪产死胎。饲料中毒，酒糟中毒，马铃薯中毒、发霉饲料中毒和棉籽粕中毒等都会造成妊娠母猪流产和死胎。腐败变质肉类、鱼类均能造成怀孕母猪的死胎。

饲养管理方面：妊娠母猪死胎的出现与饲养密度的增加、环境里的有毒气体、舍内温度过高、饲养管理的变化等应激因素有关。特别是妊娠母猪机械性冲撞等损伤造成死胎。

疾病性方面：近年来我国不少猪场常爆发多种疾病，其中母猪传染性繁殖障碍发病率最高。由病源性造成母猪死胎性疾病主要有病毒性疾病（猪繁殖与呼吸综合征、猪瘟、猪细小病毒病、猪伪狂犬病、猪日本乙型脑炎、猪水疱疹等）、细菌性疾病（布鲁氏杆菌病、衣原体病、李氏杆菌病、猪传染性胸膜肺炎等）和寄生虫病（弓形体病）。

（二）临床症状

母猪起初不食或少食，精神不振；随后起卧不安，弓背努责，阴户流出污浊液体。在怀孕后期，用手按腹部检查久无胎动。如果胎儿腐败，常有体温升高，呼吸急促，心跳加快等全身症状，阴户流出不洁液体。

（三）诊断

猪产死胎在怀孕期间很难被发现，可结合临床症状及借助猪用B 超等手段判断母猪体内是否还留有死胎。

（四）预防与治疗

1. 预防

（1）营养与饲料。对饲料原料品质严加控制。利用复合预混料配制的全价配合饲料，含有的各种微量元素和各种维生素等，完全可以满足妊娠母猪的不同时期的需求，特别是能满足母猪对能量、蛋白质、钙、磷及各种氨基酸的需求，保证妊娠母猪胎儿的正常发育。避免使用发霉变质及结块的饲料饲喂妊娠母猪，对棉籽粕、草籽粕和亚麻籽粕的使用比例要适当控制。

（2）科学管理猪群。猪群密度要合理，猪舍保持良好的通风换气，温度不超过 23℃，二氧化碳浓度不超过 0.2%。加强舍外运动，多见阳光，有条件的喂些青饲料。严禁对妊娠母猪粗暴驱赶，避免机械性撞击。

（3）做好防疫控制工作。如出现大批流产和死胎，多半是由于传染病和霉菌中毒造成的，因此一定做好防疫控制工作，各种传染病的疫苗应按期接种，保证妊娠母猪健康无病，正常繁殖。

2. 治疗

如果已诊断为死胎，可手术取出。必要时注射脑垂体后叶素或催产素，一次皮下注射 10 万～50 万单位。对虚弱的母猪，术前术后应适当补液。为了防止感染，如发现病猪体温升高，需要及时注射抗生素：用青霉素每次 40 万～80 万单位，链霉素 100 万单位，连用 3～5 天。

死胎产出或取出后，应加强对母猪护理，保持猪舍干燥、清洁，勿使母猪受寒，并经常观察其有无异常表现。

十三、猪疝气

疝气病是腹腔内脏器连同腹膜壁脱至皮下或其他解剖腔内的疾病，是猪的常见病，除极少数由外伤引起，绝大多数是遗传性缺陷。根据发生的部位不同分为脐疝、腹壁疝、腹股沟阴囊疝 3 种。

（一）病因

脐疝：多发生在仔猪。主要是脐孔闭锁不全或没有闭锁，在有较剧烈的活动时腹腔内压增高，而使部分肠管掉进脐部皮下而形成脐疝。

腹壁疝：主要是由于外界的钝性暴力如冲撞、踢打等作用于软腹壁，使皮下的肌肉、健膜等破裂，造成肠管掉入皮下。形成腹壁疝。

腹股沟阴囊疝：主要是公猪腹股沟管过大，肠管特别是小肠从腹股沟管掉进阴囊内而发病。有先天性的，也有后天发生的。

（二）临床症状

脐疝：病猪脐部出现核桃大或鸡蛋大的半圆形肿胀，柔软，热痛不明显，在肿胀处可听到肠蠕动音。肠管没有嵌闭在脐孔中时，病猪几乎无任何反应；当肠管嵌闭在脐孔中时，肿胀硬固，病猪腹痛不安，有时呕吐。

腹壁疝：发病后可看到在受伤后的腹壁上出现球形或椭圆形柔软肿胀，小的如拳，大的如小儿头。肿胀界线清楚，热痛较轻，用力按压时随着其内容物入腹腔而使肿胀变小，触诊可发现腹壁肌肉的破裂口。

腹股沟阴囊疝：病猪主要表现为一侧或两侧阴囊增大，腹压增大时症状加重。将两后肢提举时，可使增大的阴囊缩小。少数病猪可变为嵌闭型疝，这种病猪多数肠管已与囊壁发生粘连。

（三）诊断

脐疝：脐部呈现球形肿胀，质地柔软，但缺乏红痛热等炎性反应，能在挤压疝囊或改变体位时，可见疝内容物回缩到腹腔，并可摸到疝轮，可初步确认为脐疝。

腹壁疝：外伤型腹壁疝可根据病史，受钝性暴力后突然出现肿胀，能摸到疝轮，听诊能听到肠蠕动音，疝囊体积时大时小。

腹股沟阴囊疝：一侧或两侧阴囊增大，触诊时阴囊硬度不一，可摸到疝的内容物，可根据临诊症状作出诊断。

（四）预防与治疗

1. 预防

（1）脐疝：仔猪出生时用剪刀剪断脐带，可降低脐疝的发病率。

（2）腹壁疝：猪群密度要合理，防止挤压碰撞造成发病。

（3）腹股沟阴囊疝：该病多为先天性，所以一窝仔猪中出现一两头腹股沟阴囊疝病例，为防止下一胎出现类似现象，建议淘汰带有隐形遗传基因的种公猪。

2. 治疗

（1）脐疝：要根据具体情况决定，如果幼龄猪脐孔较小，脱出的肠管也较少时，只要把肠管放回腹腔后，局部用绷带扎紧，脐孔可能闭锁而治愈。如果脐孔较大就需要进行手术。手术前要停食1天，手术时病猪仰卧保定，做好术前准备后，手术部位剃毛洗净，涂碘酊消毒，脱碘后，用1%普鲁卡因局部浸润麻醉。切开疝囊，一定注意不要损伤疝囊内的肠管，将肠管放回腹腔。如果肠管与囊壁有粘连，要仔细进行剥离。连续缝合腹膜，对脐孔肌肉破口处用较粗丝线作结节缝合。最后撒青霉素粉，皮肤做结节缝合。

（2）腹壁疝：治疗腹壁疝主要是手术，手术前要给病猪停食1天，手术方法同脐疝的手术。

（3）腹股沟阴囊疝：治疗猪的阴囊疝，特别是嵌闭型阴囊疝，应采用手术疗法，效果比较好。一般手术和睾丸去势同时进行。手术的方法是，将病猪倒吊保定，将阴囊及其周围洗净、消毒，局部麻醉。在阴囊前下方，腹股沟外环上作一个与纵轴平行的切口，切口的长度应按照猪的大小而定，约为5~10厘米。暴露鞘膜后，通过切口分离总鞘膜。若为可复性阴囊疝，将总鞘膜连同睾丸及其鞘膜腔内肠段一起与阴囊分离并拉出至切口之外，用手指将鞘膜腔内的肠管放回腹腔内。如为鞘膜内粘连，可将鞘膜切开，用手指剥离后放回腹腔内；若为嵌闭型疝，则须扩大狭窄的内环，根据肠管的情况，对嵌闭型肠管适当的处理后再送还腹腔。在确认放回全部内容物后，将鞘膜和精索一起扭转数周后，至腹股沟管外环处结扎精索，在结扎线下方1~1.5厘米处切断精索，将切断处缝合到腹股沟环上。皮肤和筋膜分别作结节缝合，切口处碘酊消毒。手术后的猪不要喂得过早、过饱，减少运动。

十四、猪消化不良

猪消化不良又称胃肠卡他，是胃肠道黏膜表层的炎症反应。使消化器官机能紊乱，胃肠的消化、吸收功能减退，食欲不振或废绝。按疾病经过，分为急性消化不良和慢性消化不良。按病变部位，分为胃和小肠为主的消化不良和大肠为主的消化不良。

（一）病因

（1）饲养管理不当。如给猪突然变换饲料、改变对猪的饲喂习惯等，导致猪过饥或过饱、久渴或暴饮；猪舍保暖性能差，遭受寒冷的袭击等，都能刺激猪胃肠黏膜上的感受器，扰乱了猪胃肠的正常分泌、运动和消化机能，猪肠道黏膜表层发生卡他性炎症，导致了本病。

（2）饲料品质不良。如给猪长期饲喂不易消化、腐败变质的饲料，刺激猪胃肠黏膜，抑制了猪胃肠的正常分泌和消化机能，导致消化不良。

（3）猪服用某些刺激性药物或误食某些化学物质都能刺激性或中毒性地使猪胃肠黏膜表层发生卡他性炎症，导致本病。

（4）猪患有肠道寄生虫病、口腔病或牙病等，也可继发猪的消化不良。

（二）临床症状

病猪精神不振，食欲减少，喜饮水，有时呕吐；时而腹泻，时而便秘，粪便中混有未消化的饲料，其体温一般正常。病猪死亡率很低，但影响猪的正常生长发育，降低饲料的利用率，影响养猪效益。

（三）诊断

可根据猪不爱吃食，精神不振，咀嚼缓慢，饮水增加，口臭，有舌苔，粪内混有黏液和未消化的饲料等临床症状和饲养管理情况进行综合判断。

（四）预防与治疗

1. 预防

饲喂时要定时、定量，冬季喂温食，饮温水，饲料变化时要逐渐过渡，不喂发霉变质的饲料。注意圈舍和饮水卫生，保持圈舍干燥，注意消毒和驱虫。注意季节变化，保持圈舍适宜温度。

2. 治疗

对病猪少喂或停喂 1 ~ 2 天，改喂容易消化的饲料。药物治疗以清肠止酵，调整胃肠功能为主。清肠止酵常用鱼石脂 2 ~ 5 克加水适量内服，硫酸镁、人工盐 30 ~ 80 克或植物油 100 毫升。调整胃肠功能一般在清肠后进行。可用各种健胃剂，如酵母片 2 ~ 8 片，混于少量饲料内喂给，2 次/天；大黄末 2 克，龙胆末 2 克，碳酸氢钠 4 克，2 次/天。病猪久泻不止、剧呕时，必须消炎止泻、止吐。应口服抗生素药物，如庆大霉素、氨苄青霉素等，也可用黄连素 0.2 ~ 0.5 克一次内服。对于脱水的患猪，应及时补给 5% 葡萄糖液、复方氯化钠液等，以维持体液平衡。

十五、猪中暑

猪中暑是由于烈日暴晒或气温过高导致中枢神经紊乱，心衰猝死的一种急性病。夏季由于气温较高，天气炎热，生猪对热的耐受力较差，如果饲养管理不好，容易导致其发生中暑现象。生猪中暑主要表现在两个方面：一是长时间在烈日照射下发生的日射病；二是在潮湿闷热环境下引起的热射病。因此，在夏季高温时应积极采取相应措施，做好生猪中暑的防与治。

（一）病因

由于猪的皮下脂肪较厚，导致猪对高温的耐受性较差。在炎热的季节里，由于头部受到阳光的直接照射，引起脑、脑膜和脑实质的急性病变，使中枢神经系统功能发生严重障碍，引起肌肉痉挛的一种疾病，称为日射病。当猪在潮湿闷热的环境中，空气不流通，机体产热多而散热少，产热与散热失去平衡，使热量在机体内积聚，引起严重的中枢神经系统功能紊乱的现象，称为热射病。日射病与热射病都因脑及脑膜充血，脑实质受到损害而产生急性病变，体温、呼吸与循环等重要的生命中枢陷于麻痹，病猪常突然倒地，几分钟后死亡。因此，中暑是猪的常发病，病死率比较高。

（二）临床症状

突然发病，精神沉郁，四肢无力，步态不稳，摇摆不定，呼吸困难，张口喘气，流涎，口吐白沫，头、背通红，结膜极度充血潮红，有的体温升高到42℃以上，喜饮水，全身出汗。腹下皮肤有红白相间的瘀血斑。心跳加快，有时节律不齐，狂躁不安。瞳孔初期散大、视力减弱，之后收缩，严重的呈剧烈颤抖，倒地痉挛，昏迷至死亡。

（三）诊断

根据病史、临床症状和病理变化，如发生于夏季，长时间的阳光直射，或环境闷热潮湿，体质虚弱、肥胖者多发病。病情急，病程短，常急性死亡等可确诊。

（四）预防与治疗

1. 预防

（1）科学建造猪舍，猪舍檐口高2.5米以上，并且通风良好。在猪场道路两旁、猪舍周围种植树木。

（2）增加遮阴面积。夏季温度较高时也可搭遮阴网构成凉棚，使每头猪所占遮阴面积在1.5平方米左右，并注意通风透气，确保空气流通。

（3）饲养密度要适宜。进入炎热季节，猪群的饲养密度不能过大，尤其是成年肥猪。

（4）供给充足饮水。应提供充足的饮用水，让猪及时喝上清凉、清洁的水。另外，可在饮水中加入少许食盐。猪舍应勤打扫，及时消灭蚊蝇。

（5）常用冷水喷洒猪体，中午让猪在阴凉处休息。

（6）大群猪在炎热季节转群或车船运输时，做好防暑急救的准备工作，注意通风。运输可选择早晚进行，途中定时给猪喷淋凉水。

2. 治疗

（1）猪发生中暑症状时马上转移到通风、阴凉的地方进行紧急降温。用湿布敷在头部和左胸心区，用凉水洒在头部和身上，并灌服冰冷的 0.5%～0.9% 盐水等清凉饮料，或用冷水灌肠，直至体温降到 38.5～39℃ 为止。也可以在耳尖或尾端放血 100～300 毫升。

（2）若猪中暑较重，呈昏迷状态，应静脉注射 500～1 000 毫升 5% 葡萄糖，160 万单位青霉素钠，10～20 毫升维生素 C，肌肉注射 10～20 毫升安乃近。

（3）有神经不安症状者，肌肉注射 2.5% 的氯丙嗪 2～4 毫升；对体温较高而不退热的猪，可肌肉注射青霉素 40 万～80 万单位或磺胺嘧啶 5～10 毫升。

第五章
猪场的免疫与净化

一、猪场的免疫技术

（一）疫苗的功能和作用

1. 疫苗的功能

就是某种疫苗接种猪后可使猪获得针对某种传染病的特异性抵抗力。

2. 疫苗的作用

猪的免疫力有天然免疫力和人工免疫力。

天然被动免疫力，新生仔猪通过吸吮初乳直接吸收母源抗体，可获得对某种疾病的抵抗力，此抗体会对相应疫病的免疫产生影响，如猪瘟等。超免必须在吃初乳之前 1~2 小时进行，而仔猪阶段的猪瘟免疫必须考虑在其母乳抗体水平开始下降时进行，以避免产生免疫干扰，影响其免疫力。天然主动免疫力，在猪只感染某种病原微生物耐过后，产生对该病原体的抵抗力，如对引入的新种猪及后备种猪，在经过一定时间的隔离和观察处理后，用本场成年产仔母猪的新鲜粪便进行有计划的投喂等。

人工被动免疫力，将免疫血清或自然发病的康复猪取血清，人工输入到未免疫的猪，使其获得的对某种病原的抵抗力，如猪场内发现烈性传染病或受到烈性传染病的严重威胁时，为保护种猪，特别是待产母猪，应及时制取血清备用或对需保护猪群进行注射。人工主动免疫就是给猪接种疫苗，刺激机体免疫系统发生应答反应，产生特异性免疫力。通过人工主动免疫使猪群对主要疫病及对本场威胁较大的疾病建立起有效的抵抗力，是制定和实施免疫程序的宗旨。

（二）疫苗的种类与特点

防疫是猪场的第一生命线，选择有效的疫苗，科学合理地使用十分重要。

1. 传统疫苗

以传统的常规方法，用细菌或病毒培养液或含毒组织制成的疫苗。目前，所使用的主要是传统疫苗。主要有以下类型。

（1）灭活疫苗。又称死疫苗，用含有细菌或病毒的材料通过物理或化学的方法处理，使其丧失感染性和毒性而保持有良好的免疫原性，接种动物后能产生主动免疫。因生产比较容易，生产较多，甚至有私下生产的，但质量稳定性不是很好，对其质量的控制非常重要。前几年曾一度使用较多的自体苗，就常因其质量问题而难达到免疫效果，因此在选择制备者时要特别注意。

（2）弱毒苗。又称活疫苗，是指对自然强毒的微生物通过物理、化学方法处理和生物的连续继代，使其对原宿主动物丧失致病力或只引起轻微的亚临床反应，但仍保持有良好的免疫原性的毒株，用以制备的疫苗（如猪丹毒弱毒疫苗、猪瘟兔化弱毒疫苗等）。

（3）单价苗。利用同一种微生物菌（毒）株或一种微生物中的单一血清型菌（毒）株的增殖培养物所制备的疫苗称为单价疫苗。单价苗对相应的单一血清型微生物所致的疫病有良好的免疫保护效能。

（4）多价苗。指由同一种微生物中若干血清型菌（毒）株的增殖培养物制备的疫苗。多价疫苗能使免疫动物获得完全的保护（如猪多价副伤寒死菌苗）。目前猪瘟、猪丹毒二联苗（或加猪肺疫的三联苗）使用效果良好，可以选用。

（5）混合疫苗。即多联苗，指利用不同微生物的增殖培养物，根据病性特点，按免疫学原理和方法，组配而成。

（6）同源疫苗。指利用同种、同型或同源微生物制备的而又应用于同种类动物免疫预防的疫苗（如猪瘟兔化弱毒疫苗、猪流行性腹泻疫苗，可用于预防各种品种猪的猪瘟和猪流行性腹泻）。

（7）异源疫苗。指利用不同种微生物菌（毒）株制备的疫苗，接种后能使其获得对疫苗中不含有的病原体产生抵抗力。

（8）细胞苗与组织苗。细胞苗是由种毒接种牛睾丸细胞后收获而得，其本身仅有病毒的特异性免疫作用。组织苗是用兔体组织制成，除具有病毒引起的特异性免疫外，这些组织中有许多是属于免疫器官，具有许多细胞因子，可起到非特异的免疫增强作用。组织苗中非特异性的免疫作用可能是造成组织苗免疫力比细胞苗强的原因之一。细胞苗免疫效果明显不如组织苗，但若用正常的兔脾淋组织液稀释1头份细胞苗再与1头份组织苗做对比试验，结果两者免疫效果相当；组织苗中非特异的免疫增强作用是值得进一步研究的。但细胞苗有许多优点，价廉、能长久保存、使用方便等。猪场应根据自己的实际情况来合理地选用疫苗。

2. 基因工程苗

利用基因工程技术制取的疫苗，包括亚单位疫苗、活载体疫苗、基因缺失疫苗及核酸疫苗。目前猪伪狂犬基因缺失苗有比较好的使用效果，但有的疫苗不同生产批次的差异性较大，质量不稳定，要注意选用性能稳定，质量可靠的厂家生产的疫苗使用。

3. 多肽疫苗

多肽疫苗是通过化学合成法人工合成病原微生物的保护性多肽，由多个B细胞抗原表位和T细胞抗原表位共同组成的，大多需与一个载体骨架分子相耦联，再加入佐剂制成的疫苗。多肽疫苗由于完全是合成的，不存在毒力回升或灭活不全的问题。特别是一些还不能通过体外培养方式获得足够量的抗原的微生物病原体，有些虽能进行体外培养，但这些病原体有潜在致病性和免疫病理作用等涉及安全性与有效性的问题，多肽作为体内引起效应细胞免疫应答形成的免疫原，将成为一种新型的疫苗，但还有很多理论和技术问题要继续研究。

（三）疫苗免疫技术

1. 免疫的技术要求

（1）人员的技术要求。免疫人员必须为兽医技术人员，其他协助人员应经过疫苗免疫技术、个人防护知识和防止疫病扩散知识的专门培训。

（2）免疫动物健康状况要求。在疫苗使用前要对猪群的健康状况进行认真检查，只有健康的猪才可以接种疫苗。猪群健康状况不佳时应暂缓用苗，这时免疫不但不能产生良好的免疫效果，而且可能会因接种应激而诱发疫病，甚至发生疫病流行。

（3）疫苗使用过程要求。使用疫苗最好在早晨，在使用过程中，应避免阳光照射和高温、高热环境。活疫苗应现用现配，并在2小时内用完。疫苗用后要注意观察猪群情况，发现过敏反应或异常反应及时处理。

（4）免疫废弃物处理要求。已稀释的疫苗剩余部分应煮沸倒掉，其他免疫废弃物特别是活疫苗瓶应烧掉或深埋，切忌在栏舍内乱扔乱放，防止散毒。

（5）免疫器械要求。接种疫苗用的器械都要事先消毒，注射器、针头要洗净并经高压或煮沸消毒后方可使用。为防止交叉感染。

2. 免疫前的准备工作

（1）免疫用器具、物品的准备。已消毒的连续注射器和足够的针头，酒精棉和碘酒棉，免疫证和免疫登记表，保定器、耳标、耳标钳和耳标阅读器等。

（2）隔离防护用品的准备。免疫人员必须具备乳胶手套穿、口罩、隔离防护服、胶靴等。

（3）疫苗的贮藏。疫苗种类不同，要求的贮藏条件不一样，目前市场使用的疫苗分为弱毒活疫苗和灭活疫苗，弱毒活疫苗有冻干疫苗和水剂苗，冻干疫苗有进口和国产之分，目前贮藏条件有3种情形：国产冻干疫苗和水剂苗应在 $-20^{0}C$ 以下保存，进口冻干疫

苗 $4 \sim 8^0\mathrm{C}$ 保存，灭活疫苗应在 $2 \sim 8\mathrm{℃}$ 条件下避光冷藏。

（4）疫苗的运输。实施免疫时，应事先测算需要的疫苗使用量。冻干疫苗应采用冷藏箱或保温桶加冰块；灭活疫苗要放冷藏箱或保温桶运输，冬季防冻，夏季防阳光照射。

3. 疫苗的使用

（1）疫苗使用前要仔细检查。疫苗在使用前要仔细检查疫苗瓶口和铝盖胶塞封闭是否完好，查看疫苗标签。冻干疫苗要核对有效期、有无裂缝、鼓气等，过期、有裂缝、鼓气的疫苗均不得使用；疫苗使用前要查看有效期，有无包装破损、破乳分层、颜色改变等现象，出现以上现象的疫苗不得使用。

使用前仔细阅读疫苗使用说明书，看清使用对象、剂量、接种方法、不良反应及注意事项等。

（2）冻干疫苗的稀释。冻干疫苗在使用前需要稀释，那么每种疫苗对使用的稀释剂、稀释倍数及稀释方法都有一定的要求，必须严格按规定处理，否则疫苗滴度会下降，影响免疫效果。活疫苗在稀释过程中，由于温度的影响，疫苗活力可能会受到不同程度的负面影响（活力降低），疫苗的免疫效果将减弱。活疫苗在稀释过程可以在冰块上操作，稀释后待用的疫苗存放于冰块上，稀释后要尽量在 2 小时内用完。

（3）使用油佐剂灭活疫苗时，冬天应置于室温 2 小时左右预温，夏天防止阳光照射。使用前充分摇匀，疫苗启封后，应于 24 小时内用完。

4. 免疫方法

（1）皮下注射法。是将疫苗注入皮下结缔组织后，经毛细血管吸收进入血液，通过血液循环到达淋巴组织，从而产生免疫反应。注射部位多在耳根后皮下，皮下组织吸收比较缓慢而均匀，但油类疫苗不宜皮下注射。

（2）肌肉注射法。是将疫苗注射于富含血管的肌肉内，又因感觉神经较少，故疼痛较轻，是目前使用最多的一种方法，大多数疫苗都是经这一途径免疫。注射部位在耳根后 4 指处（成年猪）颈部内侧或外侧或臀部。

（3）滴鼻接种法。滴鼻接种属于黏膜免疫的一种，该方法既可刺激产生局部免疫，又可建立针对相应抗原的共同黏膜免疫系统。目前使用比较广泛的是猪伪狂犬病基因缺失疫苗的滴鼻接种。

（4）其他。还有口服免疫法、交巢穴位注射法、气管内注射和肺内注射法等，但很少使用。

另外，应注意注射器中的空气排除以及注射部位的消毒。

吸苗时注射器中空气的排除方法：用镊子夹取挤干的酒精棉球裹住针体，然后排除空气，使疫苗液流入酒精棉球。

注射部位的消毒方法：先用5%碘酊消毒，之后用75%酒精脱碘，以免影响免疫效果（乙脑免疫时用酒精或新洁尔灭毒皮肤）。

5. 免疫程序制定

应针对目前规模化猪场疫病的复杂性，依据疫病的流行特点及规律，猪的用途、年龄、母源抗体以及疫苗的种类、性质、免疫途径等方面的具体情况制定，尤其是仔猪的初次免疫，应按母源抗体的消长情况选择适宜的时机，如果接种得过早则受到母源抗体的干扰而影响免疫效果；过晚则没有保护力的"空白期"过长，猪群的危险性增大。这个时机最好是通过免疫监测，依抗体的水平来确定。

在什么时间接种何种疫苗，是猪场免疫上最为关键的问题。免疫程序是否科学合理至关重要。最好的做法是根据本场的实际情况，考虑本地区的疫病流行特点，结合本猪场的饲养管理、母源抗体的干扰以及疫苗的性质、类型等各方面因素和免疫监测结果，制定适合本场的免疫程序。其中下列几点是需要我们重点考虑的。

（1）猪场发病史。在制定免疫程序时必须考虑本地区猪病疫情和本猪场已发生过什么病、发病日龄、发病频率及发病程度，结合临床发病情况和实验室诊断，摸清本场猪群所存在的疫病和所受到的威胁，以此确定疫苗的种类和免疫时间，有针对性地制定免疫程序，选择高质量的疫苗，做好猪群的免疫工作。在制订免疫计划时，要有的放矢，对本地区、本场尚未证实发生的疾病，必须证明确实己受到严重威胁时才计划接种。对于过去从未发生过，也没有从外地传入猪群的传染病，可不接种。对从外地引进的猪要及时补种。

（2）母源抗体干扰。母源抗体的被动免疫对新生仔猪来说十分重要，给疫苗的接种也带来一定的影响，尤其是弱毒活疫苗在接种新生仔猪时，如果仔猪存在较高水平的母源抗体，则会极大地影响疫苗的免疫效果。因此，在母源抗体水平高时不宜接种弱毒疫苗。

（3）不同疫苗之间的干扰与接种时间的科学安排。同时免疫接种2种或多种弱毒苗往往会产生干扰现象。产生干扰的原因可能有两个方面，一是两种病毒感染的受体相似或相同，产生竞争作用；二是一种病毒感染细胞后产生干扰素，影响另一种病毒的复制。一般2种疫苗之间应至少间隔1周以上再进行预防接种。

（4）季节性预防的疾病。如夏季预防日本乙型脑炎，秋、冬季预防传染性胃肠炎和流行性腹泻等；而且南方，中部、北方有一定的差异。

（5）根据本场的实际情况，制定相应的免疫程序。选择可靠和适合本猪场的疫苗及相应的血清型后，同时还必须根据实际防疫的监测结果定期作适当调整。

6. 猪的免疫程序

仔猪（一）

1日龄：猪瘟弱毒疫苗，剂量1头份（1毫升），颈部肌肉注射。

14日龄：蓝耳病疫苗，剂量1头份，肌肉注射。

21日龄：猪喘气病灭活疫苗，肌肉注射1头份（2毫升）

28日龄：猪丹毒—猪肺疫二联苗，剂量1头份，肌肉注射。

35日龄：口蹄疫灭活疫苗，剂量1~2毫升，肌肉注射。

45日龄：猪瘟弱毒疫苗，剂量3头份（1毫升），肌肉注射。

55日龄：猪伪狂犬基因缺失弱毒疫苗，剂量1头份（2毫升），滴鼻或肌肉注射。

60日龄：口蹄疫灭活疫苗，剂量2毫升，肌肉注射。

70 日龄：猪丹毒—猪肺疫二联苗，剂量 1 头份，肌肉注射。

仔猪（二）

14 日龄：蓝耳病疫苗，剂量 1 头份，肌肉注射。

21 日龄：猪瘟弱毒疫苗，剂量 1 头份（1 毫升），颈部肌肉注射。

24 日龄：猪喘气病灭活疫苗，肌肉注射 1 头份（2 毫升）

28 日龄：猪丹毒—猪肺疫二联苗，剂量 1 头份，肌肉注射。

35 日龄：口蹄疫灭活疫苗，剂量 1~2 毫升，肌肉注射。

50 日龄：猪伪狂犬基因缺失弱毒疫苗，剂量 1 头份（2 毫升），滴鼻或肌肉注射。

55 日龄：猪瘟弱毒疫苗，剂量 3 头份（1 毫升），肌肉注射。

60 日龄：口蹄疫灭活疫苗，剂量 2 毫升，肌肉注射。

70 日龄：猪丹毒—猪肺疫二联苗，剂量 1 头份，肌肉注射。

母猪

（1）初产母猪：

配种前 30 天：猪蓝耳病疫苗 2 头份，肌肉注射。

配种前 21 天：猪细小病毒灭活疫苗 2 头份，肌肉注射，或猪细小病毒—乙脑二联灭活疫苗（蚊虫季节到来之前 1 个月）。

配种前 14 天：猪伪狂犬基因缺失弱毒疫苗，2 头份，肌肉注射。

配种前 7 天：猪瘟弱毒疫苗 3 头份，肌肉注射

分娩前 30 天、15 天：分别免疫大肠杆菌双价基因工程疫苗 2 毫升，肌肉注射。

（2）经产母猪：

配种前 28 天：猪伪狂犬基因缺失弱毒疫苗或灭活疫苗，2 头份，肌肉注射。

配种前 21 天：猪蓝耳病活疫苗或灭活疫苗，2 头份，肌肉注射。

配种前 7 天：猪瘟弱毒疫苗，3 头份，肌肉注射。

分娩前 30 天、15 天：分别免疫大肠杆菌双价基因工程疫苗 2 毫升，肌肉注射。

以后每隔4~6个月免疫口蹄疫灭活疫苗一次，剂量3毫升，颈部肌肉或后海穴注射。

种公猪

每隔4~6个月免疫口蹄疫灭活疫苗一次；每隔6个月免疫猪瘟弱毒疫苗、猪蓝耳病疫苗、猪伪狂犬基因缺失弱毒疫苗各一次。乙型脑炎流行或受威胁地区，每年3—5月（蚊虫出现前1~2月），使用乙型脑炎疫苗，剂量2毫升，间隔一个月免疫两次。

商品猪

14日龄：蓝耳病疫苗，肌肉注射1头份（2毫升）。

21日龄：猪瘟弱毒疫苗，肌肉注射1头份（2毫升）。

28日龄：猪丹毒—猪肺疫二联苗，肌肉注射1头份（2毫升）。

35日龄：口蹄疫灭活疫苗，肌肉注射1头份（2毫升）。

40日龄：蓝耳病疫苗，肌肉注射1头份（2毫升）。

50日龄：猪伪狂犬基因缺失弱毒疫苗，肌肉注射1头份（2毫升）。

55日龄：猪瘟弱毒疫苗，肌肉注射1头份（2毫升）。

60日龄：口蹄疫灭活疫苗，肌肉注射1头份（2毫升）。

70日龄：猪丹毒—猪肺疫二联苗，肌肉注射1头份（2毫升）。

7．免疫失败的原因及对策

在对猪进行免疫接种后，有时仍不能控制传染病的流行，即发生了免疫失败，其原因主要有以下几个方面。

（1）猪只本身免疫功能失常，免疫接种后不能刺激猪体产生特异性抗体。

（2）母源、抗体干扰疫苗的抗原性，因此在使用疫苗前，应充分考虑猪体内的母源抗体水平，必要时要进行检测，避免这种干扰。

（3）没有按规定免疫程序进行免疫接种，使免疫接种后达不到所要求的免疫效果。

（4）猪只生病，正在使用抗生素或免疫抑制药物进行治疗，造成抗原受损或免疫抑制。

（5）疫苗在采购、运输、保存过程中方法不当，使疫苗本身的效能受损。

（6）在免疫接种过程中疫苗没有保管好，或操作不严格，或疫苗接种量不足。

（7）制备疫苗使用的毒株血清型与实际流行疾病的血清型不一致，而不能达到良好的保护效果。

（8）在免疫接种时，免疫程序不当或同时使用了抗血清。

总之，免疫失败原因很多，要进行全面的检查和分析，为防止免疫失败，最重要的是要做到正确使用疫苗及严格按免疫程序进行免疫。

二、猪场疫病净化

猪群净化就是在一个严密隔离的体系内，通过实施严格卫生防疫制度，运用卫生、免疫、营养等方面技术措施，提高整个猪群的抗病力、创建一个有利于生猪健康生长的生态环境，提高整个猪群的生产力。

（一）猪场净化的基础

1. 强化员工的防疫意识，猪场应与外界相对隔离

通过培训，采取必要的措施增强职工的卫生防疫意识是非常必要的。使他们认识到疫病传播的途径以及发生疫病的后果和为防疫所采取的措施，并去自觉地实施，这是猪场疫病净化的基础。

2. 实行标准化饲养

采用全价饲料，标准化饲养，提高猪群的抗病力是猪场净化的关键。因为抗体的本质是免疫球蛋白，是一种由众多氨基酸组成的蛋白质。如果猪饲料中蛋白质和氨基酸供应不足，抗体的生成就没有足够原料，就很难产生较高效价的抗体。

3. 基础免疫

使用疫（菌）苗生物制剂有计划地对猪群进行预防接种，使猪群对某些疾病有特异性的免疫力，从而使猪群产生一定的抵抗力。

一般猪瘟是必免疫病，猪丹毒、猪肺疫、猪副伤寒，视猪场情况而定。猪乙型脑炎、猪细小病毒病、猪伪犬病等为种猪必须免疫疾病。可选择预防的疫病主要有大肠杆菌病（仔猪黄病、白病和猪水肿病）、猪链球菌病、猪传染性萎缩性鼻炎、猪气喘病、猪传染性胃肠炎、猪衣原体病、猪传染性胸膜肺炎等。

4. 抗体监测

为了及早发现疫病，正确评估猪群免疫状态，每年定期对猪群进行重大疾病及抗体水平的测定是必要的，一般检测的重点是猪瘟、伪狂犬病、猪传染性胸膜肺炎、蓝耳病和口蹄疫等。这对免疫注射的质量、免疫程序的制定以及隐性感染的发现都具有极高的价值。

（二）猪场净化

1. 环境、畜舍及畜体的消毒

对场区地面、道路、运动场、墙壁等，每周喷洒消毒 1 次。对大门、各通道的消毒池，定期投放及更新消毒剂。对人员、来往车辆随时消毒。对死亡的猪只做无害化处理。对栏舍、猪体一般每周消毒 1 次。空栏消毒后空置 1 周以上再进猪。这样，可有效地控制和减少疾病的发生与流行。

2. 杀虫与灭原

灭鼠、灭蝇、灭蚊、严禁犬、猫等进场，可有效地减少疫病传播。对猪体内、外寄生虫进行净化，选用药效确实、安全方便、无毒副作用的驱虫药合理使用，可提高猪场猪群健康水平和经济效益。饲料用药要搅拌均匀，注意用药安全。服药后要及时清扫猪粪，减少虫卵对猪只的重新感染。投喂的第一天和最后一天，应采用有效剂量的敌百虫溶液喷洒栏舍、环境以及饲养员衣物等，以杀死螨虫达到有效净化的目的。

3. 隔离、淘汰及种源净化

场内布局应将生产区、管理区、生活区相对分开，各区人员、车辆、物品按隔离要求严格管理。对弱、残、病的仔猪要及时淘汰。对新引进的种猪，要严格隔离检疫 30 天左右，必要时采集血样进行检测，经隔离饲养、确认健康后方可入群。

4. 水源控制

进行常规水质分析，保证猪场用水的卫生和安全，检查水源中大肠杆菌含量，必要时设置过滤系统。

5. 猪场药物保健

有计划地在饲料中添加药物，有效地预防某些疾病的发生也是猪群综合净化的一个重要措施。每季配种前后及产仔前，在饲料中投以药物性预混剂等可有效防止妊娠期及产后疾病，防止流产，提高产仔数和初生重。在仔猪断奶前后，药物及多种维生素的添加，可保护由于断奶、转栏、换料等一系列外界因素对仔猪的有害刺激。药物添加也应注意药物的药理特点，添加可靠、方便、安全、价廉易得的药物，方能达到预期目的。

6. 多点生产和全进全出

把一条龙式的工艺分成三或四段饲养，配种妊娠产仔为 1 个独立区、断奶为 1 个区、育成肥育为 1～2 个区。区间相距一定距离，各区人员、物资用具相对独立、互不交叉。并且实施 10～15 天的超早期断奶。这种工艺在控制蓝耳病和呼吸道疾病方面有较为明显的效果。多点式生产工艺各阶段猪群要求严格地全进全出，每一次清舍要对猪舍和设备进行彻底的清洗消毒，切断病原的传染链。

7. 分阶段饲养

根据猪不同的生长阶段实施分阶段饲养，有利于为生猪提供不同营养配方的饲料及生长环境、切断各种传染病的传播途径，同时依据不同的市场需求采用不同的饲养方式，还能大大提高养猪的综合效益。猪群分阶段饲养，主要是根据每个阶段猪的生理特点，不同营养需要，制定不同的饲料配方，使日粮中的营养水平尽量满足猪的营养需要。在生产实践中将母猪划分为 3～4 个阶段（空怀待配及妊娠前期、妊娠后期、哺乳期），哺乳仔猪划分为 2 个阶段（引料和补料期），断奶仔猪划分为 2～3 个阶段（断奶过渡和保育前、后期），中大猪划分为 2～3 个阶段（生长期、肥育前期、肥育后期）饲养，各阶段猪提供不同的日粮方案。通过科学饲养管理，生猪生长速度和饲料报酬可得到明显的改善和提高。

8. 分胎次饲养技术（SPP）

分胎次饲养技术是一种有效提高生产增进健康的方法，在大猪场合理使用，效果很好，几个猪场联合共建一个初产猪场或采用集团化公司运作，也有很好的效果，是清除蓝耳病等多种疾病的重要措施之一。同时，也为管理第一胎母猪提供方便。

该技术的核心是将不同胎次的母猪分开饲养。由于不同胎次的母猪对饲养管理和营养需求不同，在初产和经产母猪之间有明显的差异，初产母猪比经产母猪要求更高的赖氨酸和能量水平。若根据母猪的需求来分配员工、设备和饲料，就可更为有效地提高母猪的生产水平和猪场的经济效益。

通过对后备母猪管理、分娩及营养等的专业化措施，可以提高初产母猪（P1）生产性能。对成年母猪群（P2）由于引入免疫良好的母猪，逐步稳定了经产母猪的健康水平。在成年母猪饲养区，由于没有或很少引进携带如猪繁殖与呼吸综合征病毒（PRRSV）及猪肺炎支原体病原的母猪，经产母猪区有可能清除疫病；而且由于减少了病原传入的危险，经产母猪区不必实行严格的隔离和驯化。同时，也提高了经产母猪后代的均一性，还可在一定程度上降低饲养成本。

由于 P1 猪场要求更高的生物安全环境，其场址应坐落在一个隔离区域内。应选派最有经验的人员去管理 P1 猪场以产生最大的生产效益。繁殖母猪可以从后备母猪生产单元移入 P1 猪场，待断奶后再进入 P2 猪场。P2 猪场的母猪在断奶后进入 P3 猪场。但这些母猪不能逆向移动。

9. 早期断奶技术

28 日龄早期断奶或 10 ~ 15 日龄超早期断奶技术 SEW（Seg-regated Early Weaning，隔离早期断奶）。SEW 技术可与已获成功的 SPF 猪生产进行优势互补，以 SPF 猪建立种猪核心群，SEW 技术应用到繁殖群中，可取得很好的效果。

10. SPF 技术

SPF 是英文 Specific Pathogen Free 的缩写，意思是"无特定疾病或病原"，SPF 猪的生产已获成功。SPF 猪是指猪群无某几种特定病原微生物疾病和寄生虫性疾病，猪群呈现明显的健康状态。SPF 猪是对妊娠末期的健康母猪，通过无菌剖宫产手术获取仔猪，在无菌环境中饲喂超高温消毒牛奶，在此期间，给仔猪接种乳酸杆菌，可增强其消化功能，21 天后转入环境适应间饲养 4 ~ 6 周，使其产生对环境的适应能力后转入卫生严格管理的猪场育成，这样育成的猪称为初级 SPF 猪，初级的 SPF 猪正常配种繁殖生产的后代称为二级 SPF 猪，不管是初级还是二级 SPF 猪，只要不感染所控制的疾病，统称为 SPF 猪。此方法主要依据是利用胎盘的屏障作用净化，使某些特定病原不能通过胎盘垂直感染仔猪，从而生产高度的健康猪群。

（三）规模化猪场主要疾病的净化策略

1. 猪瘟的净化策略

对全群种猪采集血样，通过免疫荧光法或 RT-PCR 直接测定猪瘟病毒抗原。所有种猪群采完血样后立即进行猪瘟疫苗的免疫。由于猪瘟兔化弱毒疫苗不会在猪体内形成持续感染，因此免疫荧光法或 RT-PCR 可以快速有效地检测出持续带毒猪。将阳性种猪及时淘汰，阳性后备猪隔离作肥猪处理。对检测野毒阳性者坚决淘汰。对抗体水平不合格的猪间隔 15 天左右进行第二次采样检测，对多次免疫仍不能形成有效抗体水平的猪只也应淘汰。这样可有效地对猪场猪瘟进行净化。

我国的猪瘟兔化弱毒疫苗对于毒力不同的田间毒株具有坚强的保护力。合格有效的商品疫苗可使猪群产生可靠的免疫力。

仔猪采用 20 ~ 25 日龄和 55 ~ 60 日龄两次免疫，或根据测定的仔猪抗体确定，每头猪每次免疫猪瘟脾淋苗 1 头份。免疫 1 个月后按猪群 5% 的比例抽血取血清测定抗体水平，评价免疫的效果。对猪瘟抗体水平较低且生长不良的仔猪，追溯到生产它的种猪，核查是否种猪感染猪瘟病毒。

2. 伪狂犬病的净化策略

国外已有大量应用基因缺失疫苗净化伪狂犬病的成功经验，我国也有猪场成功净化猪伪狂犬病的实践经验。全场种猪群使用基因缺失弱毒疫苗进行免疫，全群或分批不断抽血检测，直到全部生产的公、母猪均有血检记录。生产公猪最先全部血检。阳性公猪立即淘汰，阳性母猪群视其阳性率高低来定，阳性率小于15%的分批淘汰，阳性率大于15%的一次淘汰。对诊断为野毒阳性者坚决淘汰。

后备猪群在选留前进行血检，阴性猪才留作种用，并在混群前评价疫苗的免疫效果，免疫合格者才混入猪群。

仔猪净化采用基因缺失疫苗免疫，免疫程序建议3日龄仔猪滴鼻1头份，30日龄和70日龄各自肌注1头份。

种猪群分胎次以10%的比例采取血样，仔猪分周龄按比例抽样检测伪狂犬病抗体，评价疫苗的免疫效果。

这样通过基因缺失弱毒疫苗全面免疫并配合血检的方法，首先将生产公猪群净化。然后将生产母猪群中阳性猪只逐步淘汰，更新后备猪严格进行血样检测，逐步形成良性循环的更新淘汰，最终使生产种公猪、母猪全部净化为阴性猪群。同时，使用高效优质的疫苗，免疫保护健康猪群，另外加强环境和管理的改善，使病毒的数量减少，最终实现伪狂犬病净化。

3. 口蹄疫的净化策略

对全群种猪采集血样，应用口蹄疫3ABC抗体鉴别诊断试剂盒进行检测，对野毒感染抗体阳性者坚决淘汰。

4. 其他疫病的净化策略

其他疫病蓝耳病、附红细胞体病、弓形虫病、副猪嗜血杆菌病、链球菌病、胸膜肺炎、支原体病、圆环病毒病等猪病视猪场的具体情况和必要性制定净化策略。

第六章
临床常用兽药的合理使用

一、国内猪场临床用药出现的问题

（一）当前生猪生产中使用促生长药物存在的问题

由于高剂量铜、锌、砷等具有促进生长的作用，故常在饲料中高剂量使用铜、锌、砷等的制剂，甚至接近中毒剂量，其后果是在畜产品中残留，人吃了有金属残留的猪肉食品，也许一次的剂量还不够引起人的疾病，但是金属属于蓄积毒性，人每天吃猪肉后，终有一天有可能达到中毒剂量，从而给食用者直接带来危害；高剂量的微量元素大部分随粪便排出，污染环境，农田施用这类粪肥会导致重金属在土壤中沉积，从而影响植物的生长，并经过食物链的富集，猪吃了这样的材料做的饲料给猪的健康带来威胁，此外人食用了这样的蔬菜和动物食品，则有可能间接导致人的金属中毒。前者已引起人们的重视，后者尚未引起大多数人的重视。虽然现在还没有人因食用猪肉而引起金属中毒的报道，但是我们有理由需要提高警惕。在生产中可以添加的促生长药物很多，例如酶制剂、微生态制剂、寡糖添加剂，还有中草药促生长配方等，这些物质都没有药物残留的问题，而且效果也非常好。

还有些猪场为了追求生产效益或者某些饲料厂为了非法获得利润而使用一些违禁药物，如盐酸克伦特罗、沙丁胶醇、莱克多巴胺、雌二醇、孕酮、睾酮、碘化酪蛋白、抗生素滤渣等。这些药物虽然对猪的生长以及提高肉的所谓品质有所提高，但是对人类的健康来说是非常有害的。例如，盐酸克伦特罗俗称"瘦肉精"，虽然能提高猪的瘦肉率，但是能引起人的心跳异常、呼吸障碍，深度中毒能引起人的昏迷甚至死亡。禁止使用这些药物的相关法规早已出台，但是这些违禁药物引起的中毒事件还是不断涌现，不断威胁着人类的健康。

（二）当前生猪生产疫病防治临床用药存在的问题

1. 许多药物产生耐药性

为防治疾病、提高动物生产水平和生产效率等而大量使用抗生素及化学合成抗菌药物，消费者食入有这些物质残留的猪肉或制品后，往往会引起过敏、中毒等急性或慢性不良反应，甚至导致一系列疾病。引起抗生素中毒的原因很多，但是猪肉中抗生素残留量过高而引起的中毒也不容忽视。医学界已证实，人类常见的癌症、畸形、青少年性早熟、中老年心血管疾病等问题以及某些食物中毒，往往与动物性食品中的抗生素、激素及其他合成药物的滥用与残留有关。美国更有研究表明，长期食用动物性食品中的残留激素，将会使男性雌化。动物使用抗生素后会引起耐药菌株的扩散，并导致人和动物菌群失调，免疫力降低等，还会对生态环境产生危害。现在各个猪场滥用抗生素的现象很普遍。不少猪场没有专门的兽医，不管发生了什么病，都认为只要使用的抗生素种类够多、剂量够大则保险系数大、防治效果就好，而且在猪没病的时候也会大剂量地在饲料中添加抗菌药物作为保健预防疾病，且不顾各种药物的休药期，这样则导致了抗菌药物在猪肉产品中的大量蓄积，以及大量耐药菌株的出现。现在某些猪场的耐药菌的耐药率非常惊人。由于这些抗生素的长期低剂量使用使动物食品成为耐药菌库，有些菌能同时引起人和动物发病，当这些菌感染人，并引起人类发病时，将用何种药物来治疗呢？而且这些菌的耐药基因可以通过各种耐药机制传递到人体的细菌，并使其成为耐药菌。另外抗生素残留在猪肉食品中，使消费者即使没有直接大量服用抗生素，体内的菌群耐药性也会不知不觉增强。此外，由于各个猪场的废水废气等并没有经过净化就直接排放到外界环境当中，而排泄物中含有残留的抗生素，仍然有活性，能对环境中的微生物起抑制作用或者杀灭作用，破坏环境中的正常菌群，破坏生态平衡。虽然抗生素排入环境中会被稀释，但是在各种因子的作用下，残留的药物会在动植物体内不断地富积，最后引起人类的抗生素中毒。

2. 受孕母猪患病不用药

一些养猪户认为，对患病受孕母猪用药易导致其流产。其实，临床上有些药物如四环素、链霉素、阿司匹林、呋喃类药物和抗过敏药物对受孕母猪的危害，是由于投药时采用静脉注射的方式，药物没有通过肝脏而直接到达胎体造成的。若改为口服投药，就比较安全有效。因此，受孕母猪发病后最好立即请兽医诊治用药。

3. 治病迷信安乃近

猪患病后多出现高热的炎性症状，安乃近能很快缓解这一症状。因此养猪户误认为安乃近是包治百病的良药，发现猪食欲降低、身体发热就立即注射安乃近，想通过控制体温的升高来治愈猪病。殊不知安乃近极易引起猪的过敏性休克，使猪体温急剧下降，导致呼吸、循环衰竭而突然死亡。临床上治疗炎性疾病，应选用抗生素或磺胺类药物，适当配合解热药，这样既治标又治本，便于获得最佳疗效。

4. 很少或几乎不使用祖国的传统中医药方来防治动物的疾病

近年来大量疗效快、抗菌作用强的抗生素、抗菌药物的开发创新，使人类治疗感染性疾病取得了举世瞩目的成绩。但是由于抗生素药物广谱的抗菌作用导致人体正常的菌群失调，二重感染以及耐药性不断增加，这些都是由于使用抗生素药物不当造成的。在新的抗生素发明困难的情况下，抗菌肽有可能成为新一代的抗菌药物。但是天然的抗菌肽来源十分困难。中药是一个伟大的宝库，从中药中筛选出能增加内源性的抗菌肽的药物或相关成分可能是一条捷径。从现有的研究来看有大量的用于治疗感染性疾病的复方和单味药，这些药物在体外没有直接的抑制致病微生物的作用，或作用较弱，但临床通常有明显的疗效，所以防御素不仅作为筛选抗菌中药及其有效成分的靶标，为中药药效的物质基础研究新的靶点，还可能成为解释中药抗感染的依据。因此调节机体内在的防御素作为增加机体免疫力的物质基础，体现中医"正气存内邪不可干"的特色，尽管这些还正处于研究起步阶段，但是显示出良好的前景，对中药抗感染现代化的研究会起到积极的作用。

二、药物的配伍

（一）药物配伍禁忌的一般规律

药物配伍禁忌的发生，十分复杂，但其基本规律常与药物的离子性质、溶媒的 pH 值和药理作用密切相关。

（1）静脉注射的非解离性药物（如葡萄糖），较少与其他药物发生配伍禁忌，但应注意溶液的 pH 值，若 pH 值较高，应尽量避免与酸性药物配伍，若 pH 值较低，应尽量避免与碱性药物配伍。

（2）药物中的无机盐离子（如 Ca^{2+}、Mg^{2+}），在碱性溶液中容易形成难溶性沉淀物，故不能与碱性药物或生物碱类药物配伍应用。

（3）阴离子型有机化合物（如生物碱类、拟肾上腺素类、盐基抗组胺药类、盐基抗生素类）其游离基溶解度较小，与阴离子型有机化合物或弱碱性溶液配伍时可能产生沉淀。

（4）两种电荷相反的高分子化合物溶液（如抗生素类、水解蛋白、肝素等）相遇，也可能形成不溶性化合物。

（5）使用某些抗生素（如青霉素类、红霉素类），应使溶媒的 pH 值与抗生素的稳定 pH 值相近，因为两者 pH 值相差越大，抗生素越容易分解失效。

（6）作用相反的药物（如拟胆碱药与抗胆碱药、磺胺类与普鲁卡因）配伍后，疗效相互抵抗，成为配伍禁忌；有时，作用相似但机理不同的药物配伍后，也会降低疗效，成为配伍禁忌，如青霉素主要对生长旺盛的敏感菌有效，磺胺类药物却能抑制细菌的生长繁殖，两者配伍使用，青霉素的效应就无法充分发挥出来。

（二）抗生素之间的配伍禁忌

青霉素与四环素类、磺胺类合并用药是药理性配伍禁忌的典型。抑菌性抗生素如四环素类能对抗青霉素的抗菌力，四环素类是快速抑菌药，使蛋白质合成迅速被抑制，细菌处于静止状态，致使青霉素类药物干扰细菌细胞壁合成、导致细胞壁缺损的作用不能充分发挥而降低其抗菌效能，故合用呈拮抗作用；青霉素与磺胺类药物合用，两者的临床疗效均下降，磺胺类药物注射液为强碱性，与青霉素混合注射能破坏青霉素的抗菌活性。另外，青霉素 G 钾和青霉素 G 钠还不宜与红霉素、万古霉素、卡那霉素、庆大霉素等同时静脉应用，以免减低效价，产生浑浊或沉淀。青霉素 G 钾比青霉素 G 钠的刺激性强，钾盐静脉注射时浓度过高或过快，可致高钾血症而使心跳骤停；氨苄青霉素不可与卡那霉素、庆大霉素配伍使用；诺氟沙星（氟哌酸）不可与利福平合用；呋喃妥因可对抗氟哌酸在尿道中的抗菌作用，因此均属配伍禁忌。

氨基糖苷类抗生素如庆大霉素、卡那霉素、新霉素等互相之间都可能增加毒性，引起积累性中毒，所以氨基糖苷类抗生素之间不宜合用，如链霉素与庆大霉素二者对肾脏均有较大的毒性。硫酸卡那霉素忌与碱性药物配伍，因为可增加毒性作用；双氢链霉素本身有较强的耳神经毒作用，与卡那霉素合用更相互加重对耳内听神经等的毒性；链霉素、卡那霉素与肌松药（如琥珀胆碱）合用能加重神经肌肉的麻痹和抑制呼吸的毒性作用。硫酸庆大霉素不可与两性霉素 B、肝素钠、邻氯青霉素等配伍合用，因均可引起本品溶液沉淀。硫酸链霉素、硫酸卡那霉素、硫酸庆大霉素等抗生素忌与头孢菌素类抗生素联合使用。

头孢哌酮与氧氟沙星、左氧氟沙星、环丙沙星、甲磺酸培氟沙星配伍时可产生浑浊，故不能配伍。

在治疗猪病时，常发生民间兽医用 10% 磺胺嘧啶钠注射液溶解青霉素进行肌肉注射的错误，因为青霉素溶液最适宜的 pH 值为 6.0～6.5，而磺胺嘧啶钠注射液的 pH 值为 9.0～10.5，碱性较强，可在短时间内破坏青霉素。因而，磺胺类钠盐不能与酸性药物同用，同用则产生沉淀。

（三）抗生素与中药之间的配伍禁忌

1. β-内酰胺类

本类中的青霉素不宜与黄芩、黄连注射液配伍使用，因其配伍后可发生沉淀反应，降低药效。而羧基青霉素不宜与夹竹桃、万年青、福寿草等含有强心甙的中药合用，因大量合用可引起低血钾症，低钾可增加心肌对含强心甙类中药的敏感性，诱发中毒反应。含有碱性成分的中药，如硼砂、槟榔、延胡索、马钱子、石决明、海螵蛸、瓦楞子，中成药如梅花点舌丸、婴儿散、仙灵散、胃痛粉、喉炎丸、健胃片、行军散、陈香露白露片等能使胃内酸度降低并改变尿液的酸度，使尿液呈碱性，所以该类药物不宜与头孢菌素类、青霉素类同服，因为在碱性条件下将减少这些西药的吸收利用，从而使疗效降低。β-酰胺类不宜与朱砂安神丸合用，因朱砂的主要成分为硫化汞，在胃液中解离为汞离子，汞离子对β-内酰胺环的分解、分子重排起催化作用而使其分解，重排产物无抗菌作用。中药的洋金花、天仙子、华山参等其主要成分有莨菪碱、东莨菪碱和阿托品等，能抑制胃肠蠕动，使胃排空延缓，影响药物到达小肠的速度，故可减少青霉素、氨苄青霉素等的吸收。口服β-内酰胺类药物不宜与含鞣质较多的中药大黄、五倍子、老鹤草、地榆、四季青、虎杖、柯子及中成药四季青片、虎杖浸膏片、七厘散等同时服用，因可在体内生成鞣酸盐沉淀物而不易被吸收，从而会降低各自的生物利用和药效。茶叶、麻黄、枳实、枳壳、海龙、海马、海狗、神曲、麦芽、鸡肝散、羊肝丸等，均含有酪胺类化合物，在正常情况下，被肝脏中的单胺氧化酶氧化分解，失去活性，某些头孢菌素能抑制单胺氧化酶，使之失去破坏酪胺类化合物的活性，使酪胺类化合物在体内蓄积，反射性地引起交感神经兴奋，使神经末梢大量释放肾上腺素、去甲肾上腺素、多巴胺、5-羟色胺，引起过敏症状，严重病例可致死亡。

2. 氨基糖苷类

含有机酸的中药如乌梅、山楂、金银花、山茱萸及其复方制剂如保和丸、山楂丸等与庆大霉素同服，会降低其抗菌作用，因为庆大霉素在酸性尿液中抗菌作用最弱。庆大霉素也不宜与含钙离子的中药及其复方制剂如石膏、寒水石、龙骨、牡蛎、珍珠及牛黄解毒丸、牛黄上清丸、龙牡壮骨冲剂等同用，因钙离子可降低血浆中与本品的结合率，增加其毒性反应。新霉素、链霉素不宜与安宫牛黄丸、至宝丹、紫金锭等含雄黄的中药合用，因其中的硫酸可使雄黄中的硫化砷氧化，增加其毒性。链霉素不宜与厚朴合用，因其含有的箭毒碱与厚朴中的木兰毒碱有协同作用，会加重其抑制呼吸的毒副反应。氨基糖苷类的药物不宜与含有生物碱类的中药或中成药如硼砂、行军散等合用，因为后者为碱性药物，虽然可以使前者抗菌作用增强，但药物分布到组织中的浓度升高，耳毒性亦增加。含甙类中药如桃仁、杏仁、麻仁、木薯、枇杷核等均含有氰苷类成分，与具有神经肌肉阻滞作用的氨基糖苷类配伍联用，易引起呼吸中枢的抑制，严重者可出现呼吸衰竭。

3. 四环素类

四环素类药物不宜与含碳类或含鞣质类中药如大黄、枣树皮、四季青、老鹤草、篇蓄、侧柏炭、地榆炭、荷叶炭、十灰散、诃子、五倍子、石榴皮、虎杖等合用，因碳类可吸附本品，使血中有效浓度下降，抗菌作用减弱；鞣质还可与四环素结合形成鞣质酸盐沉淀物，降低药效。含有二价或三价阳离子钙、镁、铝、铁、铜的中药及其复方制剂如磁石、代赭石、赤石脂、石决明、虎骨、自然铜、牡蛎、石膏、瓦楞子、礞石、龙骨、龙齿、浮石、白矾及复方罗布麻片、牛黄解毒片、橘红丸、防风通圣丸、当归养血膏、黄连上清丸等不宜与四环素同服，因为四环素中的酰胺基、酚羟基能与上述中药中的金属离子发生反应，形成金属络合物，从而会降低四环素的生物利用率。四环素药物与含碱性的中药或成药硼砂、红灵散、通窍散等同时服用，虽能使抗生素排泄减少，吸收增加，提高疗效，但可增强耳毒性作用，影响前庭功能，造成暂时性或永久性耳聋及行动蹒跚。四环素与陈香露白露片合用，则使四环素的吸收减少，因为四环素在 pH 值 1 ~ 3 时溶解度最大，为 pH 值 5 ~ 6 时的

100 倍，陈香露白露片服用后可使胃液 pH 值上升至 4，从而妨碍四环素的溶解，不溶的四环素进入小肠（pH 值为 5 ~ 6），仍不利于溶解，使相当部分的药物（约 50%）因不溶解而不能被吸收，故药效降低。

4. 林可霉素类

含有鞣质的中药如石榴皮、五倍子、篇蓄、大黄、虎杖、地榆舍不宜与林可霉素联用，以防发生中毒性肝炎，因鞣质与人体内组织发生牢固结合，长期服用造成维生素队的缺乏。锻炭中药及其制剂如血余炭、蒲黄炭、炮姜炭、锻瓦楞子及石灰散等具有强大的吸附作用，能吸附林可霉素，从而降低这些抗生素的血药浓度及疗效。

（四）抗生素与其他药物之间的配伍禁忌

盐酸土霉素、盐酸四环素、硫酸卡那霉素等不能与安钠咖注射液及洋地黄配伍；青霉素 G 钠、青霉素 G 钾、硫酸卡那霉素等不宜与细胞色素 C 和乙酰辅酶 A 注射液配伍；盐酸四环素、盐酸土霉素不能与乙酰辅酶 A 注射液和肾上腺皮质激素类药如氢化可的松注射液、地塞米松磷酸纳注射液配伍。因为兽医临床所用的氢化可的松注射液含乙醇量为 50% 左右，可使青霉素迅速破坏，所以青霉素与氢化可的松不能配伍。

一般情况下，应避免抗生素用于静脉注射时与维生素 B_1、B_2 和维生素 C 注射液相配伍，以免降低药效，如维生素 B_1、B_2、维生素 C 的注射液对氨苄青霉素、先锋霉素、土霉素、红霉素、强力霉素、链霉素、卡那霉素、林可霉素等均有不同程度的灭活作用，即抗生素失去抗菌力，故不能混合注射；维生素 C 也不宜与磺胺类药物合用，维生素 C 能使尿液酸化，而磺胺类药物的乙酰化代谢物在酸性尿中溶解度低，析出结晶，形成尿结石，不宜排出而损害肾脏；维生素 K 不宜与青霉素 G 钠配伍。

四环素类药物与硫酸亚铁等铁剂可形成络合物，互相妨碍吸收，因此不宜与补血药物如硫酸亚铁、富马铁、枸橼酸铁等合用，否则将使治疗失败。金霉素、强力霉素、诺氟沙星、恩诺沙星、环丙沙星遇金属阳离子，会形成不溶性络合物，因此不能配伍。

庆大霉素和乳酶生合用也会产生拮抗作用。硫酸链霉素与氨茶碱注射液混合溶解后肌肉注射，这种配伍用药也是错误的，因为注射用硫酸链霉素水溶液的 pH 值为 4.5 ~ 7.0，虽然在 pH 值小于 8.0 时碱性越强，抗菌作用也越强；但在 pH 值高于 8.0 时则起相反作用，使效价降低；当 pH 值高于 10.0 时，链霉素则被水解破坏而失效，而兽医临床使用的氨茶碱注射液 pH 值为 9.0 ~ 9.6，所以将降低链霉素的疗效。

头孢菌素类不可与生理盐水或复方氯化纳注射液配伍，如先锋霉素可与 5% 葡萄糖配伍，而不可与生理盐水或复方氯化钠注射液配伍。另外，注射用红霉素也不可与生理盐水或复方氯化纳注射液配伍，否则发生凝固现象。

磺胺类抗菌药不能和某些局部麻醉药如普鲁卡因、丁卡因等合用，因为后者在体内能分解产生对氨基苯甲酸，可减弱磺胺类药的抑菌作用；磺胺嘧啶钠注射液遇 pH 值较低的酸性溶液易析出沉淀，除可与生理盐水、复方氯化纳注射液、200 克/升甘露醇、硫酸硫酸镁注射液配伍外，与多种药物均为配伍禁忌。

（五）疗效增强的配伍

氨苄西林、阿莫西林和链霉素、新霉素、多粘菌素、喹诺酮类等配伍，疗效增强。

硫酸新霉素、庆大霉素和氨苄西林、头孢拉定、头孢氨苄、盐酸多西环素、TMP 等配伍，疗效增强。

金霉素、强力霉素和同类药物，与 TMP 配伍，疗效增强。

罗红霉素、硫氨酸红霉素、替米考星和新霉素、庆大霉素、氟苯尼考等配伍，疗效增强。

氟苯尼考和新霉素、盐酸多西环素、硫酸粘杆菌素等配伍，疗效增强。

磺胺类和 TMP、新霉素、庆大霉素、卡那霉素配伍，疗效增强。

诺氟沙星、恩诺沙星、环丙沙星和氨苄西林、头孢拉定、头孢氨苄、链霉素、新霉素、庆大霉素、磺胺类等配伍，疗效增强。

盐酸林可霉素和甲硝唑配伍，疗效增强。

三、猪场常用兽药

（一）消毒防腐药

消毒防腐药与抗生素类药物不同，它们对病原微生物和动物体组织细胞无明显的选择作用，故呈原浆毒。在抗病原微生物时也能损害动物机体的组织细胞，故消毒防腐药只能用于局部抗感染，而不能用于全身性抗感染。尽管抗生素、磺胺类药物发展很快，但对动物体表、器械、猪舍、运动场的消毒，消毒防腐药具有特殊意义。

1. 主要用于环境消毒的消毒药

（1）氢氧化钠（烧碱）。白色干燥结晶，易溶于水和乙醇。它是一种强碱，为高效消毒药。它对细菌、芽孢、病毒均有杀灭作用，对一些寄生虫卵也能杀灭。2%溶液用于猪舍，料槽和运输车船的消毒；3%～5%溶液用于炭疽芽孢污染的场地消毒。

（2）过氧乙酸。无色透明液体，易溶于水和有机溶剂。具有广泛、速效、高效的杀菌作用。对细菌、真菌、芽孢、病毒均有杀灭作用，0.5%溶液1分钟可杀死细菌，0.05%～0.5%溶液1分钟能杀芽孢、病毒；1%溶液1分钟杀死真菌。用0.5%溶液喷洒消毒猪舍、料槽等，0.04%～0.2%溶液用于玻璃、橡胶等其他物品的浸泡消毒。

（3）复合酚（菌毒敌、农乐）。深红褐色黏稠液体，含酚41%～49%，醋酸22%～26%。可杀灭病毒、细菌、霉菌、寄生虫虫卵、球虫卵囊。按1:100倍稀释用于口蹄疫、水疱病、猪瘟等病毒的污染场地及环境消毒。1:300倍液对细菌、虫卵污染的场地做环境消毒。

（4）氧化钙（生石灰）。白色硬块，易吸收水分，转变为碳酸钙而失效。氧化钙与水混合生成氢氧化钙。氢氧化钙可以杀灭繁殖型细菌，但对芽孢无效。1千克氧化钙加水350毫升后，洒布地面、水沟等消毒处。

（5）苯酚（石炭酸）。无色针状结晶，有特异臭味，溶于水、乙醇、脂肪油等，难溶于液状石蜡和凡士林。苯酚在0.1%～1%的浓度时，可抑制一般细菌的生长与繁殖，杀灭细菌需在1%以上浓度。苯酚对芽孢、病毒无效，高浓度时对机体活组织有较强的毒性。常配成3%～5%溶液，用于动物排泄物，实验室用具以及猪舍的消毒，或外科手术器材的浸泡。

2. 主要用于皮肤黏膜的消毒防腐药

（1）乙醇。无色透明液体，易挥发，易燃烧，能与水、乙酸等任意混合。处方上凡未指明浓度时，一律为95%的乙醇，有较强杀菌作用，以70%～75%最强，可杀死繁殖性细菌，但对芽孢无效。

（2）高锰酸钾。黑紫色结晶，能溶于水。高锰酸钾为强氧化剂，具有杀菌作用，兼有除臭效果。0.1%高锰酸钾溶液外用可以杀菌、防腐、除臭，常用于冲洗黏膜、创伤、溃疡。

（3）新洁尔灭。为季铵盐消毒剂，无色或淡黄色胶状液体，易溶于水，对金属、塑料制品无腐蚀作用。有较强的消毒作用，对多数细菌数分钟内就能杀死，对病毒效力较差，不能杀死结核杆菌、霉菌和芽孢。0.1%溶液可用于消毒手指或浸泡消毒器械或用具；0.01%～0.05%溶液用于冲洗黏膜。忌与氧化剂配伍使用，不可与肥皂同用。

（4）碘及碘制剂。碘的消毒作用很强，可杀死细菌、芽孢、霉菌和病毒，对皮肤黏膜有强烈刺激作用，可使局部组织充血，促进炎性产物的吸收。

（5）鱼石脂。能消炎、消肿，促进肉芽生长，用于治疗慢性皮肤炎、蜂窝织炎、腱炎、溃疡和湿疹等。内服1～5g，有制酵作用。软膏（3%～5%），外用局部涂擦。

（6）过氧化氢溶液（双氧水）。为氧化剂，与动物组织接触，立即放出氧分子而形成大量气泡，具有杀菌作用。含过氧化氢 2.5%～3.5%的液体，用于冲洗化脓伤口。新鲜伤口不能使用，遇碱性物质失效。

（二）常用抗微生物药

1. 抗生素

β 内酰胺-青霉素类：青霉素、苄星青霉素、氨苄西林、阿莫西林、派拉西林、双氯西林等。

β 内酰胺头孢菌素类：头孢氨苄、头孢羟氨苄、头孢克洛、头孢拉定、头孢噻呋、头孢噻肟钠等。

氨基糖苷类：硫酸丁胺卡那霉素（硫酸阿米卡星）、硫酸庆大霉素、硫酸卡那霉素、硫酸新霉素、大观霉素等。

大环内酯类：红霉素、罗红霉素、硫氰酸红霉素、酒石酸吉他霉素、泰乐菌素、替米考星等。

酰胺醇类：氯霉素、甲砜霉素、氟苯尼考。

四环素类：土霉素、金霉素、多西环素（强力霉素）等。

洁霉素类：林可霉素、克林霉素。

多肽类：多粘菌素 B、多粘菌素 E 等。

含磷多糖类：黄霉素、大碳素。

多聚类：莫能菌素、盐霉素。

其他：新生霉素、泰妙菌素、利福平。

2. 合成抗菌药

磺胺类：磺胺嘧啶、磺胺甲噁唑（SMZ）、磺胺脒、磺胺甲氧嘧啶钠、磺胺二甲嘧啶、磺胺甲基异噁唑、磺胺对甲氧嘧啶等。

抗菌增效类：TMP、DVD。

呋喃类：呋喃唑酮。

喹诺酮类：诺氟沙星、环丙沙星、恩诺沙星、培氟沙星、氧氟沙星等。

其他化合抗生素：卡巴氧、异烟肼、小檗碱。

硝咪唑类：甲硝唑、二甲硝咪唑

3. 抗真菌药

主要有制霉菌素。

4. 抗病毒类药

主要有利巴韦林、盐酸金刚烷胺。

5. 临床常用抗微生物药的使用方法

临床常用抗微生物药的使用方法见表6-1。

表6-1　临床常用抗微生物药的使用方法

药物名称	给药途径	给药剂量
磺胺嘧啶	内服	70~100mg/kg，2次/d
磺胺二甲嘧啶	内服	70~100mg/kg，2次/d
磺胺甲基异噁唑	内服	25~250mg/kg，2次/d
磺胺对甲氧嘧啶	内服	25~50mg/kg，12次/d
磺胺甲基异噁唑	内服	25~50mg/kg，12次/d
磺胺脒	内服	70~100mg/kg，23次/d
三甲氧苄氨嘧啶	内服	10mg/kg
复方磺胺嘧啶注射液	肌注或静注	20~25mg/kg，2次/d
磺胺对甲氧嘧啶注射液	肌注或静注	20~25mg/kg，2次/d
喹乙醇预混剂	饲料添加	混饲浓度50~100mg/kg
诺氟沙星	内服	10~12mg/kg，2次/d
	肌注	10~12mg/kg，2次/d
环丙沙星	肌注	2.55mg/kg，2次/d
	静注	2mg/kg，2次/d
恩诺沙星	内服	预防：1.25mg/kg；治疗：5mg/kg
	肌注	2.5mg/kg
注射青霉素G钠〈钾〉	肌注	1万~1.5万IU/kg，2次/d
氨苄青霉素	内服	4~14mg/kg，2次/d
	肌注	2~7mg/kg，2次/d
头孢噻吩钠	肌注	10~20mg/kg，2次/d
头孢嘧啶	肌注	10~20mg/kg，3次/d
红霉素	内服	20~40mg/kg，2次/d
	肌注或静注	13mg/kg，2次/d
泰乐菌素	内服	100~110mg/kg，2次/d
	肌注	2~10mg/kg，2次/d

（续表）

药物名称	给药途径	给药剂量
盐酸林可霉素	内服	10～15mg/kg，3 次/d
	肌注或静注	10mg/kg，2 次/d
氯林可霉素	内服或肌注	5～10mg/kg，3 次/d
硫酸链霉素	内服	0.5～1g/kg，2 次/d
	肌注	10mg/kg，2 次/d
硫酸庆大霉素	内服	11.5mg/kg，分 34 次/d
	肌注	1 万～1.5 万 IU，2 次/d
硫酸卡那霉素	内服	36mg/kg，2 次/d
硫酸新霉素	肌注 内服	10～15mg/kg，2 次/d 仔猪 0.75～1g/d，分 24 次服
硫酸多粘菌素 B	肌注 内服	5～10mg/kg，2 次/d 仔猪 2 000～4 000IU/kg，2 次/d
硫酸多粘菌素 E	肌注 内服	1 日量，1 万 IU/kg，2 次/d 注射 1.5 万～5 万 IU/kg
	肌注	1d 量，1 万 IU/kg，2 次/d 注射
四环素	乳腺炎乳管内注入 饮水添加 饲料添加	5 万～10 万 IU/kg 110～280mg/kg 混饲浓度 200～500mg/kg
四环素	静注 内服	2.5～5mg/kg，2 次/d 10～20mg/kg，2～3 次/d
土霉素	饮水添加 饲料添加 肌注或静注 内服	110～280mg/kg 混饲浓度 200～500mg/kg 2.5～5mg/kg，2 次 d 10～20mg/kg，3 次/d
金霉素	内服 饲料添加	10～20mg/kg，3 次/d 混饲浓度 200～500mg/kg
泰妙菌素	饮水添加	0.004% 预防，连用 3d；0.005% 治疗连用 10d
制霉菌素	饲料添加	10～35g/t
克霉唑	内服	50 万～100 万 IU，3 次/d
安乃近	内服 内服	10～20mg/kg 2～5g

（续表）

药物名称	给药途径	给药剂量
安钠咖	肌注 内服 肌注	3 ~ 10mL 0.3 ~ 2.0g 0.3 ~ 2.0g
复方氨基比林	静注 肌注	0.3 ~ 1.0g 5.0 ~ 10mL/次

（三）常用抗寄生虫药

抗寄生虫药是指能驱除或杀灭体内、外寄生虫的药物。对猪危害较大的寄生虫有蠕虫、原虫及体外寄生虫。

1. 敌百虫

白色结晶粉末，易潮解，易溶于水，有强烈特殊气味。内服和注射均易吸收。广谱驱虫药，对猪蛔虫、毛首线虫、食管口线虫、姜片吸虫效果较好，也可用来防治体外寄生虫，如杀螨、灭虱等。敌百虫在有机磷化合物中属低毒药剂，过量中毒后可用大量阿托品解救，同时使用解磷定。敌百虫遇碱生成毒性更强的敌敌畏，应注意。猪投服 100 毫克/千克体重时较安全，外用 1% 溶液喷淋猪体。

2. 左旋咪唑

由人工合成，白色或微带黄色结晶，性质稳定，易溶于水，内服吸收迅速，肝代谢迅速，且肾排泄也迅速，无残留物。为广谱驱虫药，对猪肺丝虫、食管口线虫、肾虫、猪肠道寄生虫均有效。常用 8 毫克/千克体重内服给药。

3. 丙硫苯咪唑

本品为白色粉末，不溶于水，微溶于有机溶剂。驱虫范围广、毒性低，对猪的胃肠道寄生虫、绦虫、肺丝虫、姜片吸虫、猪肾虫均有效，对猪烟虫、鞭虫效果更好，幼虫也随之减少。对囊尾蚴作用强，虫体吸收快，毒副作用小。但本品适口性差，混饲给药时少量多次 10 ~ 20 毫克/千克体重内服给药。

4. 伊维菌素

本品为人工合成的奥佛麦菌素衍生物，是一种抗生素驱虫药。本品安全方便，速效广谱，对猪胃肠道线虫、肺丝虫，以及螨、虱等均有杀灭作用，在猪屠宰前 28 天停用。用量方法：猪内服 0.3 ~ 0.5 毫克/千克体重，皮下注射 0.3 毫克/千克体重。

5. 吡喹酮

无色或白色结晶粉末，微溶于水，溶于有机溶剂。内服、肌内注射均吸收良好。本品为高效广谱驱虫药，对于猪吸虫、丝虫、线虫均有驱杀作用，对绦虫的成虫及幼虫也有效。猪内服 0.1 ~ 0.2 克/千克体重，肌内注射 0.05 克/千克体重。

6. 硝氯酚

黄色结晶粉末，不易溶于水。是驱肝片吸虫的理想药物，具有高效低毒的特点。不仅对成虫有杀灭作用，对幼虫也有作用。硝氯酚易残留，在休药期禁用本品。猪内服 3 ~ 6 毫克/千克体重。

7. 硫双二氯酚

白色粉末，不溶于水，溶于有机溶剂。内服易吸收。主要用于猪的姜片吸虫以及猪绦虫。猪内服 100 毫克/千克体重。

8. 双甲脒

白色结晶状粉末，不溶于水，易溶于丙酮。市售 12.5% 双甲脒乳油，是高效、广谱杀虫剂，对各种螨、蜱、虱、蝇均有效，对人、畜安全。杀灭体外寄生虫，用于猪时，需配成 0.5% 的溶液。

9. 溴氯菊酯（敌杀死）

本品为白色针状结晶，几乎不溶于水，市售 5% 溴氰菊酯乳油和 2.5% 可湿性粉剂。溴氰菊酯为触杀性杀虫剂，具有作用迅速、残效短等待点。杀灭浓度为 0.05% ~ 0.08%，预防浓度为 0.03%。

（四）常用维生素药物

1. 复合维生素 B 注射液

主要用于营养不良、食欲不振、糙皮病，以及缺乏 B 族维生素所致的各种疾病的辅助治疗。针剂：皮下、肌内注射，2 ~ 4 毫升/

次，每日 1 次。

2. 维生素 A

配合维生素 D 治疗骨软症、维生素 A 和维生素 D 缺乏症等。

3. 维生素 D

用于防治维生素 D 缺乏症、佝偻病、骨软症等。每吨饲料加维生素 D 25 万~50 万 IU，用于预防猪维生素 D 缺乏症。制剂：维生家 D 胶性钙注射液，皮下、肌内注射，0.5 万~5 万 IU/次。

4. 维生素 C

参与体内氧化还原反应，增加毛细血管的致密度，降低其通透性。还有抗炎抗过敏作用，增强机体解毒功能。针剂：10% 注射剂，肌内、静脉注射，2.5~5 毫升，每日 2 次。

（五）常用矿物质药物

1. 氧化钙

用于治疗骨软症、佝偻病、产后瘫痪、荨麻疹、肺水肿以及毛细血管通透性增高的过敏性疾病，还可用作止血药。针剂：含氯化钙 5%，静脉注射，20~50 毫升/次，每日 1 次。静脉注射时，应缓慢，不可漏于血管之外。

2. 葡萄糖酸钙

同氯化钙。针剂：含量 10%，静脉注射，20~80 毫升/次，每日 1 次。

3. 碳酸钙

主要供内服补充钙。用于骨软症，产后瘫痪等缺钙性疾病，也可中和胃酸。粉剂：内服，3~10 克/次。

4. 骨粉

主要用作钙、磷补充，用于骨软症和妊娠、泌乳对磷、钙的需要。粉剂：按 0.1%~1% 比例混饲。

5. 硫酸铜

本品对机体造血、骨骼发育、神经传导和色素沉着，特别是对促进铁的吸收和促进血红蛋白生成具有重要作用。饲料中添加

0.05%～0.1%硫酸铜，对猪的肥育、增重和提高饲料利用率有明显的效果。粉剂：用于促进生长添加剂，每吨饲料中添加硫酸铜100克。

6. 亚硒酸钠

有抗氧化作用，能维持细胞膜的完整性。促进辅酶Q的合成。辅酶Q可预防猪因缺乏硒而引起的营养性坏死。粉剂：预防量为每吨饲料中添加亚硒酸钠0.4克；针剂：含0.1%亚硒酸钠，肌内注射，仔猪2～3毫升/次。亚硒酸钠维生素E注射液（每毫升含维生素E 50 IU、硒1毫克）：肌内注射，仔猪0.5毫升/次。

7. 硫酸亚铁

针剂：铁钴针、富铁力等。仔猪生后3～5天肌内注射1～3毫升，以防贫血。

（六）其他常用药

1. 解热镇痛药物

（1）阿司匹林：有解热镇痛作用。用于治疗发热、神经痛、关节痛、风湿症等。片剂：内服，1～3克/次；复方阿司匹林片：每片含阿司匹林226.8毫克、非那西丁162毫克、咖啡因132毫克。内服，2～10片/次。

（2）复方氨基比林注射液：同阿司匹林。本品含氨基比林7.15%，巴比妥2.85%。皮下、肌内注射，2～10毫升/次。

（3）安痛定注射液：同阿司匹林。本品含氨基比林5%、安替比林2%、巴比妥0.9%。皮下、肌内注射，5～10mg/次。

（4）安乃近注射液有解热镇痛作用。用于治疗痛痛、神经痛和发热等。本品含安乃近30%。皮下、肌内注射，5～10毫升/次。

（5）水杨酸钠：有解热镇痛、抗风湿作用。用于治疗风湿性关节炎等。片剂（或粉剂）：内服，2～5克/次；注射剂：静脉注射，2～5克/次。

2. 镇静与麻醉药

（1）溴化钠：为镇静药，对中枢神经系统有抑制作用，但不催眠。还能缓解胃肠痉挛，减轻腹痛，用于治疗兴奋不安、脑炎、破伤风及各种神经疼痛等。结晶：内服，5～10 克/次。连续应用，一般不超过 7 天，避免蓄积中毒。

（2）盐酸氯丙嗪注射液：有镇痛、止痛、催眠及全身麻痹作用。用于治疗痛痛、破伤风、脑炎、癫痛等。针剂：2.5% 注射液，肌内注射，1～3 毫升/千克体重。

（3）水合氯醛：有镇痛、止痛、催眠及全身麻痹作用。用于手术麻醉和腹痛疾病的止痛。结晶：内服，3～8 克。静脉注射（按 10% 比例溶于生理盐水），30～50 毫升。灌肠，5～10 克。静脉注射勿漏于血管之外。有心、肝、肾疾病者禁用。

（4）盐酸普鲁卡因注射液：为局部麻醉药。用于手术部位局部麻醉和封闭疗法。针剂：为 0.5%～1% 溶液，可作浸润麻醉。0.25%～0.5% 溶液，可作病灶封闭。用量按部位大小而定，一般用量为 10～30 毫升。

（七）作用于猪各内脏系统的常用药物

1. 心血管系统药物

（1）凝血质注射液：有促进血液凝固作用。用于治疗各种内出血。针剂：0.75% 注射剂，皮下、肌内注射，5～10 毫升/次，每日 2 次。不可静脉注射。

（2）安络血注射液：能降低毛细血管的通透性，减少血液渗出，增进断裂毛细血管端的回缩等作用。用于治疗各脏器的毛细血管出血。针剂；0.5% 注射剂，肌内注射，2～4 毫升/次。紧急时 2～4 毫升次。

（3）维生素 K3 注射液：有促进肝细胞合成凝血酶原的作用。用于治疗出血性疾病。针剂：0.4% 注射剂，肌内注射，5～8 毫升/次，每日 2 或 3 次。

（4）止血敏：能促进血小板的增生，缩短凝血时间，减少毛细血管的通透性。用于治疗和预防各种出血性疾病。针剂：12.5% 注射剂，肌内或静脉注射，2～4 毫升/次，每日 2～3 次。

2. 消化系统药物

（1）人工盐：有健胃作用，内服小剂量有促进肠蠕动，增加消化液分泌。内服大剂量有缓泻作用。粉剂：健胃，内服量 10～30 克/次。缓泻内服量为 50～100 克/次。

（2）碳酸氢钠（小苏打）：有中和胃酸、健胃、解除酸中毒的作用。片剂（粉剂）：内服，2～5 克/次；针剂：静脉注射，2～3 克/次。

（3）胃蛋白酶：有消化蛋白质的作用，用于治疗缺乏蛋白酶引起的消化不良等症。粉剂：内服 1.5～2 克/次，每日 2 次。

（4）酵母：本品含有多种 B 族维生素，可用于治疗消化不良、B 族维生素缺乏症等。片剂或粉剂，内服，30～60 克/次。

（5）健胃散：用于治疗消化不良，可促进胃肠蠕动，消胀消炎。粉剂：内服，6～10 克/次，每日 2 次或 3 次。

（6）硫酸钠（芒硝）：为盐类泻剂，内服小剂量，能刺激胃肠粘膜，加强胃的分泌与运动，有健胃作用。大剂量时，因其高渗的作用，能保留大肠的水分，稀释内容物，有泻下作用。内服：健胃 3～10 克/次，泻下 25～30 克/次（配成 4%～6% 溶液，内服）。

（7）大黄：小剂量健胃，大剂量泻下。粉剂：健胃内服量 5 克/次，下泻量为 2～10 克/次。

（8）鞣酸：本品与胃蛋自结合形成鞣酸蛋白，在小肠内分解为鞣酸和蛋白。鞣酸有收敛作用。用于治疗肠炎、腹泻。粉剂：内服 1～2 克/次，每日 2 次。解毒洗胃用 1%～2% 溶液。

3. 呼服系统药物

（1）氯化铵：内服后，反射地促使气管、支气管腺体分泌增加，使痰液稀释，易于咳出。起止咳、祛痰作用，用于治疗急、慢性支气管肺炎干性咳嗽等。片剂（或粉剂）：内服，1～2 克/次。忌与碱性药物、磺铵类药物合用。

（2）复方甘草合剂：有祛痰、止咳、解毒等作用。用于镇咳，为治疗支气管肺炎的辅助药。液体：出甘草流浸膏 12%、酒石酸锑钾 0.024%、复方樟脑酊 12%、亚硝酸乙醋 3%、甘油 12%、蒸馏水适量制成，内服，10~30毫升/次，每日3次。

（3）氨茶碱：有松弛支气管平滑肌、解除痉挛、平喘作用。用于治疗支气管炎、支气管喘息等病。片剂：内服，0.2~0.4克/次；针剂：肌内、静脉注射，0.25~0.5克/次。

4. 泌尿系统药物

（1）双氢克尿噻：为常用利尿药。用于治疗各种水肿。片剂：内服，50~200毫克/次；注射剂：肌内注射，50~70毫克/次，每日1次或2次。

（2）利尿素：有利尿作用。用于治疗心脏性及肾小球性水肿。内服，0.5~2克/次。

（3）乌洛托品：用于治疗尿道细菌性感染。常与抗生素配合应用。针剂：含乌洛托品40%，静脉注射，10~20毫升/次，每日2次；粉剂：内服，2~5克/次。

（4）甘露醇：有利尿和降低颅内压作用，用于治疗脑水肿及急性肾功能衰竭。针剂：含20%甘露醇，静脉注射，20~100毫升/次。

5. 生殖系统药物

（1）己烯雌酚：能促进雌性器官的发育，使阴道上皮、子宫内膜增生和刺激子宫收缩。用于治疗母猪卵巢功能减退所致的不发情、子宫内膜炎、胎衣不下及死胎等症。针剂：肌内注射，3~10毫克/次。孕猪禁用，可用于催情，但不能刺激卵巢发育。

（2）黄体酮：为保胎药，能抑制子宫的活动。用于先兆性流产、习惯性流产等症。针剂：肌内注射，15~25毫克/次，每日1次。直到流产症状消失。

（3）催产素：同垂体后叶素。针剂：皮下、肌内注射，10~50IU/次。

6. 中枢神经系统药物

（1）安钠咖：有兴奋大脑皮质、呼吸中枢、运动中枢的作用。用于治疗心脏衰竭和呼吸困难等病。针剂：10%安钠咖注射液，皮下、肌内注射，5~10毫升/次。

（2）盐酸肾上腺素：为激素类药。有兴奋心肌、收缩血管、升高现压的作用。用于心跳停止急救、支气管哮喘等症。0.1%针剂：皮下注射，0.21毫升/次。静脉注射，0.2～0.6毫升/次。静注需用生理盐水10倍稀释。禁用于外伤性休克、心源性休克、肺出血、肺水肿等。

四、抗菌药的联合应用

（一）联合应用的目的和意义

联合应用主要在于扩大抗菌谱，增强疗效，减弱毒性反应，延缓或减少耐药菌株的产生。联合应用抗菌药物时可出现相加、协同、无关和拮抗等4种现象或作用，相加作用即为两种药物作用的总和，协同作用是指用后取得抗菌效果较相加更好；无关作用是指总作用不超过联合中较强者的作用；拮抗作用则表示两药合用时其作用互有抵消而减弱。

（二）联合应用的指征

（1）病因不明，病情危急的严重感染或败血症。

（2）单一抗菌药不能有效控制的严重感染或混合感染，如严重烧伤，创伤性心包炎等。

（3）容易出现耐药性的细菌感染，或需长期用药的疾病，为防止耐药菌的出现，应考虑联合用药。

（4）对某些抗菌药不易渗入的感染病灶，如中枢神经系统感染，也多采用联合用药。

（三）联合应用的效应

目前的抗菌药可分为四大类：第一类为繁殖期杀菌剂，如青霉素、头孢菌素类等；第二类为静止期杀菌剂，如氨基糖苷类、多粘菌素B和多粘菌素E等；第三类为快效抑菌剂，如四环素类、氯霉素类、大环内酯类抗生素等；第四类为慢效抑菌剂，如磺胺类等。

　　第一类和第二类合用常可获得协同作用，第三类与第一类合用常可获得协同作用或相加作用，第三类和第四类一般可获得相加作用，第四类对第一类的作用一般无重大影响，第三类对第一类的作用有明显的减弱作用。此外，同一类的抗菌药物也可考虑合用，如四环素和氯霉素的合用，链霉素和多粘菌素的合用等。但作用机制或方式相同的抗生素（特别是氨基糖苷类之间）不宜合用，以免增加毒性。

　　还须指出，无根据地盲目联合用药是不可取的。有配伍禁忌的配伍应当严格禁止，各种抗菌药可能有效的组合见表6－2。

表6－2　各种抗菌药的联合应用

病原菌	抗菌药物的联合应用
一般革兰氏阳性菌阳性菌和阴性菌	青霉素 G＋链霉素，SMZ＋TMP 或 DVD，SMZ＋TMP 或 DVD，SD＋TMP 或 DVD，卡那霉素或庆大霉素＋四环素或氨苄青霉素
金黄色葡萄球菌	苯唑青霉素＋卡那霉素或庆大霉素，红霉素＋庆大霉素或卡那霉素，红霉素＋利福平或杆菌肽，头孢菌素＋庆大霉素或卡那霉素，杆菌肽＋头孢菌素或苯唑青霉素
大肠杆菌	链霉素、卡那霉素或庆大霉素＋四环素类，氯霉素、氨苄青霉素、头孢菌素或羟苄青霉素，多粘菌素＋四环素类，庆大霉素、卡那霉素、氨苄青霉素、或头孢菌素类，SMZ＋TMP 或 DVD
变形杆菌	链霉素、卡那霉素或庆大霉素＋四环素类，氯霉素、氨苄青霉素、或羟苄青霉素，SMZ＋TMP 或 DVD
绿脓杆菌	多粘菌素 B 或多粘菌素 E＋四环素类、庆大霉素或氨苄青霉素，庆大霉素＋四环素类、羟苄青霉素

第七章
猪病诊疗技术

猪病常用的诊断方法有4种：即临诊诊断、流行病学诊断、病理学诊断和微生物学诊断。它们之间相互联系，互为补充，各有特色，彼此间都起着一种桥梁作用。

临诊诊断，或称临床诊断，是以病猪个例可见的症状和表现为根据的诊断方法，也是诊断猪病的基本方法。同时，还应包括对病猪的治疗，并对全场采取相应的防制措施。

流行病学诊断，是在临诊诊断的基础上，要求兽医人员深入到疾病发生的实际地点，对病猪、健猪、饲养人员及周围环境等多方面收集资料，调查研究，然后再做出分析判断。

病理学诊断，是从病亡或急宰病猪的尸体内采取病料，根据病理变化的部位和性质，从中找出疾病的诊断依据。

微生物学诊断，是选择典型病例，从其病变器官或组织中分离并鉴定病原，或采取血清做抗体检测，以此来确定病因及防疫效果。本诊断法需要一定的实验室设备和条件。

一、猪的保定法和给药法

（一）猪的接近与保定

1. 猪的接近法

进入猪舍时必须保持安静，避免对猪产生刺激。小心地从猪的后方或侧方接近，用于轻搔猪的背部、腹部、腹侧或耳根，使其安静。从母猪舍捕捉哺乳小猪或治疗时，应预先用木板或其他物品将母猪隔离，以防母猪攻击，常用箩筐、背篓、编织袋等固定猪的头部。

2. 常用保定方法

（1）徒手保定法。往往用于猪只较小，易于抓提的仔猪，根据不同的目的，提腿或抓耳和尾以保定。

（2）简易器具保定法。对凶猛的大、中型猪常采用器具保定法。如保定绳、鼻捻杆、绳网等保定法；目前已有成品的猪用保定器出售。

还有许多的保定方法，其目的是实用，达到便于诊断和治疗。不过使用各种方法时均要保证人畜安全。

（二）猪的给药方法

1. 经口给药法

常用的口腔给药法、胃管给药法、饮水与拌料投药。口腔给药法首先捉住病猪两耳，使它站立保定，然后用木棒或开口器撬开猪嘴，将药片、药丸或其他药剂放置于猪舌根背面，再倒入少量清水，将猪嘴闭上，猪即可将药物咽下。这种投药方法限于少量药物，若喂大量药物，则应采取胃管给药。

2. 注射法

因技术性较强，必须由专业人员持专用设备进行操作。一般有皮下注射、肌内注射、静脉注射、气管注射、腹腔注射等几种。

3. 直肠给药法

就是将无刺激性的药物灌入病猪直肠内，由直肠内黏膜吸收。当猪患口腔疾病不易吞咽食勒时，通常采用灌肠法给其补充营养。猪便秘时，也可以给其灌肠促进肠管内的粪便排出。治疗用的灌肠剂主要是用温水、生理盐水或1%的肥皂水。

二、猪病临诊诊断方法

（一）基础诊断方法

1. 视诊

指通过肉眼观察被检动物的状态来判定发病原因的一种诊断方法，在生产实践中应用非常广泛。

2. 触诊

指利用人的感觉器官来判断发病动物组织器官状态的检查方法。

3. 叩诊

指通过叩打动物体表的某一部位，根据所产生音响的性质来推断器官病理变化的一种诊断方法。

4. 听诊

是指利用直接或借助听诊器从病畜体表昕取某些内脏器官的音响，以判断其病理状态的方法。

5. 问诊

是指通过询问畜主间接了解发病动物状况的诊断方法。

6. 嗅诊

是以检查者的嗅觉闻动物呼出的气体、排泄物及病理性分泌物的气味，并判定异常气味与疾病的诊断方法。嗅诊时检查者用于将患畜散发的气味扇向自己鼻部，然后仔细判定气味的特点与性质。

在生产实践中，兽医人员常常是将上述 6 种临床检查方法结合起来应用，结合环境、营养等因素，收集更多的发病动物状态的资料，以供诊断。

（二）诊断的内容

1. 临床检查的基本内容

临床检查的内容包括静态观察、动态观察及饮食观察等。

（1）静态观察：是在猪群安静休息、保持自然状态的情况下，观察猪只的站立和睡卧姿态、呼吸、体表状态以及动物的分泌物和排泄物等的变化。

（2）动态观察：在静态观察之后还要查看动物的自然活动，通过驱赶强迫猪只活动，观察其精神状态、起立姿势、行动姿势等。

（3）饮食观察：在猪群自然采食、饮水时，观察有无不食不饮、少食少饮、异常采食和饮水表现，以及有无吞咽困难、呕吐、流涎、食欲差等现象。

2. 猪的个体检查

经群体检查发现的可疑病猪，应进行系统的个体检查。其方法以体温测量、视诊、触诊为主，必要时进行听诊和叩诊。应观察的项目包括精神外貌、姿态步样、鼻、眼、口、咽喉、被毛、皮肤、肛门、排泄物、饮食及体温等有无异常。

体温的变化，是猪体对外来和内在病理刺激的一种对抗反应。因此，对病猪检测体温是不可缺少的诊断依据。体温的测定是测定直肠内温度。猪的正常体温仔猪为 37 ~ 40℃，成年猪为 37 ~ 39.5℃。一般热型分为以下几种。

（1）稽留热：体温日差在1℃以内，高热的持续时间在 3 天以上的称稽留热，见于某些急性传染病。

（2）间歇热：高温期与元热期交替出现的叫间歇热，见于某些慢性病。

（3）弛张热：体温日差超过1℃而不降到常温的叫弛张热，见于支气管肺炎。

在实际生产中，一般是先了解病猪的生长发育状况、饲养管理情况、发病时间及病后表现，然后有目的地对病猪进行形态、结膜、淋巴结、皮肤、体温等检查，再对循环、呼吸、消化、泌尿、生殖、神经等系统进行检查。

由于病原体的毒力、猪体状况、侵入途径和环境影响等条件不同，同样的疾病，往往在不同猪体上出现不同的临床症状。在病的初期，一些不同的传染病、寄生虫病又常呈相似的临床症状（特别是体温、脉搏、呼吸、食欲、精神等方面的变化）。也不是所有的传染病、寄生虫病都具有特征性症状。比如有的传染病、寄生虫病表现为消瘦型，有的表现为顿挫型，有的则表现不典型，有的传染病、寄生虫病表面上看不出症状。因此，当猪发生疫病时，如果仅根据临床诊断，有时难于确诊。必须进行综合诊断，或观察整个发病猪群所表现的临床症状，或采用辅助诊断方法，加以综合分析，切不可轻易地单凭一两个或几个病例即做出临床诊断。

三、猪病的流行病学诊断

（一）流行病学概述

　　动物流行病学是预防兽医学中的重要组成部分。近年来得到了较快的发展，并已成为一门独立的学科。它主要研究传染病在畜群中发生、传播的条件和流行、停息的规律及其影响因素，从而可以分析疾病发生的起源，提供诊断疾病的依据，评估疾病造成的经济损失，验证防疫措施的效果，提出控制或消灭疾病的建议。

　　动物流行病学是以畜群为研究对象，综合应用数学、统计学、医学、生态学、社会学和经济学的知识和方法的一门动物群体医学，它是对兽医学科的完善和补充。

　　流行病学研究的基本方法是调查和分析，这是人们认识疾病流行规律的两个互相联系的阶段。

　　流行病学调查是认识疾病流行规律的感性阶段，它是流行病学分析的基础，要求兽医人员深入猪场、畜群到饲养员中去进行实地考察、询问，以期查明传染病发生和发展的过程，诸如传染源、传播媒介、感染途径、易感动物、病畜日龄、发病季节、环境因素、疫区范围以及发病率、病死率等。

　　流行病学分析是利用流行病学调查所得的材料来揭露传染病流行过程的本质和有关因素，把材料加工整理，去粗取精，去伪存真，由表及里地进行综合分析，得出流行过程的客观规律，由感性认识上升到理性认识阶段，从而又转过来为生产服务。如此循环不已，以指导防疫实践。

　　流行病学诊断是流行病学中的一个部分，其特点是从宏观和全局的观点出发并与临诊诊断联系在一起的一种诊断方法。在临诊实践中，往往会遇到这种情况：有的猪病表现出非常典型的症状，可以一目了然地诊断出是何病，而有的则呈现非典型症状，需要其他辅助诊断方法配合才能确诊。

（二）流行病学诊断的主要内容

动物的健康状况表示着动物机体与周围环境的平衡状态，这种平衡又反映了动物同各种致病因素斗争的结果。流行病学研究的一项主要原则就是调查和描述导致各种不平衡的环境条件、宿主因素和病原因素的作用。实际上，每一种疾病都是由宿主、环境和病原联合作用的结果。

过去人们对疾病的研究，往往只注重发病机制和病原的分离，而忽略了许多重要的流行病学特性。流行病学诊断则远远超出了这个范围，它除了包括病原因素外，还有宿主因素、环境因素、时间因素及不同的动物群体类型等。这些不同的因素对疾病的发生、发展和流行都能产生重要的影响。

流行病学诊断，就是将这些调查或记录的材料，按畜群的年龄、品种和当时的气候、季节、疾病流行过程的特征等因素进行分组，统计疾病的发生率、治愈率和致死率等，进行分析比较，从中找出疾病发生和流行的规律。在调查和引用资料时，应注意到其完整性和可靠性。对于某些具有隐性感染的疾病，应采用血清学诊断与流行病学调查相结合，同时还要考虑到判定标准和操作技术的统一性，否则就可能得不到真实正确的结论。行病学诊断的主要内容包括以下内容。

1. 流行过程的表现形式

即疾病在猪群中流行的强度，是疾病在某地区或猪场一定时期内存在的数量变化以及各个病例间联系程度的标志。可分为以下表现形式。

（1）散发性：指在一个较长的时期内或众多的猪群中，只见到个别传染病的病例，其原因主要有几种情况：①某些疾病的传播需要一定的条件，如破伤风要经深部污染创，在厌氧条件下才能感染，狂犬病通常要被疯狗咬后才能发生；②某些传染病平时呈隐性感染，个别猪在某种应激因素的作用下，才出现明显的症状，如猪接触传染性胸膜肺炎；③某些呈流行性的传染病，如猪瘟、猪丹毒等，通过免疫接种可获得较坚强的免疫力，但若少数猪漏防，有时也能出现散发病例。

（2）地方流行性：是指病畜的数量较多，但传染的范围不广，常局限于一定的地区或猪场，在一个群体单位内发生是有规律和能够预测的，并在一定时间内发病的频率保持相对稳定。地方流行性疾病一词并不表明其发病率的高低，例如猪气喘病的发病率往往较高，而猪丹毒的发病率则不高，但这两种病都可称为地方流行性的疾病。

（3）流行性：是指在一定时间内，猪群中出现比寻常为多的病例，而且传播范围广，可在较短的时间内传播到几个乡、县甚至省，不过它没有一个绝对的病例数量界限。属于这类疾病，往往是病原的毒力较强，能以多种途径感染，或猪群的易感性较高，如口蹄疫、流行性感冒、传染性胃肠炎等。

"暴发"这一名词，大致可作为流行性的同义词。是指疾病在一个局部地区或在一定畜群范围内，突然发生很多病例，这是一种特殊类型的流行。如在新疫区可能暴发蓝耳病等疾病。

（4）大流行性：是指家畜发病的数量很多，传播的地区很广，一次流行可将疾病传播到全省、全国甚至几个国家。历史上曾发生过猪流行性感冒、猪水痛病的大流行。

上述几种流行形式的区分是相对的、有条件的，不是固定不变的。特别在人为的干预下，通过对病猪的扑杀、封锁、隔离、消毒和对易感猪的免疫接种等措施，是能够控制或阻断其流行的。

2. 季节性

某些传染病在每年的一定季节内，发病率显著升高。出现季节性的原因主要有以下几方面。

第一，凡是由蚊、蚋等吸血昆虫传播的疾病，必然在炎热的夏、秋季，即蚊、蝇孳生的季节流行。如猪流行性乙型脑炎，仅发生于 5～10 月间。

第二，气候对病原体在外界环境中存在和散播有一定的影响。在冬、春寒冷季节，有利于病毒的生存，是口蹄疫、传染性胃肠炎等疾病的流行季节；夏季易发生猪丹毒等细菌性的疾病。

第三，季节还与猪的生活环境和抵抗力有关。夏季气温高，肥育猪易发生中暑，冬季若保温不好，仔猪易腹泻。如果通风不良，易发生呼吸系统的疾病，所以猪气喘病、接触传染性胸膜肺炎等疾病常在寒冷的季节发生或加重病情。

3. 周期性

某些传染病的发生和流行，呈现周期性的上升和下降，即经过一定的间隔期（常以年为计算单位），可发现同一传染病再度发生，这种现象称为传染病流行的周期性，或称周期循环。处于 2 个发病高潮中间的一段时期叫作流行间歇期。出现这种现象的原因，有的学者认为，是因某些传染病流行后，易感猪除了死亡或淘汰的以外，幸存猪都获得了坚强的免疫力，从而终止了疾病的流行，但是经过一定年限后，幸存者包括其后代的抗体逐渐消失，或引进易感猪增多等原因，猪群对该疾病的易感性再度增高，则又可使该传染病再度流行。如猪口蹄疫、传染性胃肠炎等疾病，在某些猪场中常间隔数年流行 1 次。

4. 种别和品种

不同的动物种别对同一病原因素的临诊反应和易感程度是不同的，这是天然形成的。如猪不会感染鸡新城疫，鸡不能感染猪瘟。但是有的病原因素具有较广泛的动物宿主范围或易感动物种类，如猪丹毒杆菌、多杀性巴氏杆菌、伪狂犬病病毒等病原，对猪、牛、羊、禽等动物都能感染，称为多种动物共患传染病。

不同品种的猪，对大多数传染病的易感性差异不大，如猪瘟、仔猪黄病等疾病，对各种品种的猪都有同样的易感性。但也有个别疾病存在着种别的差异，如猪气喘病对我国地方品种的猪较易感，而外来品种的猪则有较强的抵抗力，但对传染性萎缩性鼻炎的易感性则相反。

5. 年龄

病猪的年龄是流行病学诊断时必须考虑的一个宿主方面的因素，因为许多传染病的发生与年龄有关。如哺乳仔猪，易发生黄病、白病等疾病，保育猪易感染副伤寒，肥育猪易感染猪丹毒，成年种用公猪和母猪对布鲁氏菌病等引起繁殖障碍的传染病易感。此外，由于不同的年龄，即使感染同一种传染病，其表现也不一致。如伪狂犬病，妊娠母猪感染后，表现为流产，仔猪感染后则发生神经症状，而肥育猪只呈隐性感染。

6. 性别

大部分传染病的易感性与动物的性别差异不大，如猪瘟等传染病，对不同性别的猪都同样易感。但某些引起繁殖障碍的传染病，如猪细小病毒感染、布鲁氏菌病等，妊娠母猪感染后，可引起流产或死胎，而公猪感染后仅发生睾丸炎，未成年猪或肥育猪感染后则不显症状。此外，某些产科疾病如产后麻痹、子宫内膜炎、睾丸炎等疾病，只能发生在种用母猪或公猪。造成这一差异主要是由于动物的生理解剖特点、生产性能和性激素等因素所决定的。

7. 群体免疫状态

动物群体对疾病的抵抗力，叫作群体免疫。有些猪的传染病可以通过疫苗的免疫接种，产生保护性的抗体，而免于感染。猪群中对某种疫苗免疫水平的高低，取决于下列因素：①疫苗的免疫原性和疫苗的质量；②猪群中免疫接种的密度；③免疫接种的技术；④被接种猪的免疫反应能力；⑤病原毒力的强弱和污染程度；⑥哺乳仔猪的被动免疫力取决于母猪的免疫状态及其初乳中母源抗体的水平。

8. 管理因素

是猪场兽医防疫工作中不可忽视的一个环节。实际上猪的许多疾病无不与饲料、饲养、饲养人员素质、经营管理者的水平有关。但是，管理因素不同于单一的致病因素，它是一个复杂的多方面的因素。虽然各种疾病都与管理因素有关，但是究竟关系到什么程度和是怎样的关系，则缺乏这方面的调查研究。现在一些规模化的猪场，已经开始重视管理因素，一般认为，要注意以下几个问题。

第一，制定场规，以法治场，实现饲养管理科学化、规范化。防疫卫生制度化、经常化。

第二，建立猪群保健档案制度，有目的、有计划地对某些疫病的抗体进行检测。

第三，具有饲料质量监察的设备和能力，经常开展饲料质量和饮水的检查，确保饲料、饮水的安全。

第四，注意猪舍内适宜的小气候和小环境，包括温度、湿度、空气、光照、密度、笼舍、地面等。

第五，管理和饲养人员的工作态度和业务水平，人的积极因素发挥了，才能养好猪。

（三）流行病学诊断的统计

流行病学诊断的统计和表达疾病的统计是包括发病群体内的患畜数和非患畜数，并计算出某种比值以表达疾病的严重程度。临诊实践中，人们往往只注重患畜而忽略非患畜，但在流行病学诊断中，无论是患畜还是非患畜，都是计算疾病发生所考虑的重要内容。因为它们都是群体总数的一部分，只有将患畜和非患畜联系起来之后，才具有对疾病状况的表达意义。

另外，各种比率都含有一个时间的成分，群体中发生疾病的频率是以经过一段时间的间隔计算的。因此，计算某段时间内疾病的频率时，通常用该段时间内动物群体的总数为分母。在流行病学诊断的统计中，常用下列的频率指标表达。

1. 发病率

表示畜群中在一定时期内某病的新病例发生的频率。发病率能较完全地反映出传染病的流行情况，但还不能说明整个流行过程，因为常有许多家畜呈隐性感染，而同时又是传染源。因此，不仅需要统计病畜，而且还要统计隐性患畜（感染率）。

2. 感染率

指用临诊诊断法和各种检测法（微生物学法、血清学法等）查出来的所有感染家畜的头数（包括隐性患畜），占被检查的家畜总头数的百分比。

统计感染率能比较深入地反映出流行过程的情况，特别是在发生某些慢性传染病如猪气喘病、萎缩性鼻炎等，进行感染率的统计分析具有重要的实践意义。

3. 患病率（流行率、病例率）

在某一指定时间畜群中存有某病的病例数比率，代表在指定时间畜群中疾病的数量上的一个断面。

4. 死亡率

指某病病死数占某动物总头数的百分比。它能表示该病在畜群中造成死亡的频率，而不能说明传染病发展的特性，仅在发生死亡头数很高的急性传染病时，才能反映出流行的动态。但当发生不易致死的传染病时，如口蹄疫、仔猪白病等，虽能大规模流行，而死亡率却很低，则不能表示出流行范围广泛的特征。因此，在传染病发展期间除统计死亡率外，还应统计所有发病的家畜（发病率）。

5. 病死率

指因某病死亡的家畜头数占该病患畜总数的百分比。它能表示某病临诊上的严重程度，因此能比死亡率更为精确地反映出传染病的流行过程。

四、猪病病理剖检诊断

病理学诊断，是从病亡或急宰病猪的尸体内采取病料，根据病理变化的部位和性质，从中找出疾病的诊断依据。

我们在猪病防治的实践中，往往可发现急性死亡的病例，有的病猪临床症状表现不明显或不典型，给诊断疾病带来了困难，特别是出现群发性或流行性的疾病时，需要尽快确诊，在实验室诊断条件不完善的情况下，对病猪或病死猪进行病理剖检诊断，显得十分必要。它具有方便快速、直接客观等特点，况且有的疾病通过病理剖检，便可一目了然地确诊。此外，尸体剖检还常被用来验证病死猪生前的临床诊断与治疗的正确性，对于某些疾病的科学研究、法兽医的剖检以及兽医卫生检验等方面都与尸体剖检有密切的关系。

尸体剖检是一门综合的学科，需具备病理生理、病理解剖、传染病及微生物等学科的知识，在进行剖检时，对所见的病变应做到全面观察，客观描述，详细记录，然后进行科学的分析和推理，从中做出符合客观实际的病理解剖学诊断，同时，还要防止病原的扩散和人为的传播，做好环境的消毒和尸体的无害化处理等工作。

（一）尸体的变化

尸体剖检概述尸体剖检就是运用病理解剖学的知识，通过检查尸体的病理变化，获得诊断疾病的依据。

猪死亡后，受体内存在的酶和细菌的作用，以及外界环境的影响，逐渐发生一系列的死后变化，其中包括尸冷、尸僵、尸斑、血液凝固、尸体自溶与腐败。正确地辨认尸体的变化，可以避免把某些死后变化误认为是生前的病理变化。

1. 尸冷

猪死亡后由于体内产热过程停止，尸体温度逐渐降至同于外界环境温度的水平。尸体温度下降的速度，在最初几小时较快，以后逐渐变慢。通常在室温条件下，平均每小时下降1℃，当外界温度低、尸体消瘦时，尸冷可能发生快些。了解或测定尸冷有助于确定死亡的时间。

2. 尸僵

猪死后几个小时（一般3~6个小时），即从头部开始，各部位的肌肉痉挛性收缩而变为僵硬，各关节不能屈伸，尸体固定成一定的姿态，这种现象称为尸僵。尸僵发生的顺序是头、颈、前肢、躯干和后肢，至10~24小时发展完全，在死后24~48小时尸僵按原来顺序开始消失，肌肉变软。尸僵除见于骨骼肌外，心肌、平滑肌同样可以发生，心肌的尸僵在死后半小时左右即可发生。环境温度较高时，尸僵出现较早，解僵也快；寒冷的条件下则出现较晚，解僵也慢。瘦肉型的猪尸僵较明显，死于破伤风、水肿病的猪，由于死前肌肉运动较剧烈，尸僵发生快而明显。死于败血症的猪，尸僵不显著或不出现尸僵。

3. 尸斑

猪死亡后，由于心脏和大动脉管的临终收缩及尸僵的发生，将血液排挤到静脉系统内，并由于重力作用，血液流向尸体的低下部位，使该部血管充盈血液，组织呈暗红色（死后 1～1.5 个小时出现）。初期，用指压该部可使红色消退，并且这种暗红色的斑可随尸体位置的变更而改变。后期，由于发生溶血，使该部组织染成污红色（一般在死后 24 小时左右开始出现），此时指压或改变尸体位置时也不会消失。尸斑在尸体倒卧侧的皮肤、肺、肝、肾等表现均很明显。要注意不要把这种病变与生前的充血、淤血相混淆。在采取病料时，如无特异病变或特殊需要，最好不取这些部位的组织作为病料。

4. 血液凝固

猪死后不久，在心脏和大血管内的血液即凝固成血凝块。死亡较慢者，血凝块往往分为两层，上层呈黄色鸡油样的是血浆，下层呈暗红色的为红细胞。急性死亡病猪的血凝块呈一致的暗紫红色。死于败血症或窒息、缺氧的病猪，血液凝固不良并呈暗褐色。剖检时，要注意将血凝块与生前形成的血栓相区别。

5. 尸体自溶和腐败

尸体自溶，是指体内组织受到酶（细胞溶酶体的酶）的作用而引起自体消化的过程，表现最明显的是胃和胰腺。当外界气温高时，死亡时间较久的尸体常见到胃肠道黏膜脱落，这就属于自溶现象。

尸体腐败，是指尸体组织蛋白由于细菌的作用而发生腐败分解的现象。参与腐败过程的细菌主要是来自肠道内的厌氧菌，也有从体外进入的，腐败后的尸体表现腹围膨大、尸绿、尸臭。死于败血症或大面积皮肤创伤化脓的尸体，腐败速度更快。尸体腐败后，破坏了生前的病变，因此，猪死后应尽早进行剖检。

（二）尸体剖检的顺序及检查方法

1. 尸体剖检顺序

为了全面而系统地检查尸体内外所呈现的病理变化，避免遗漏，尸体剖检应按照一定的顺序进行。由于尸体有大小之别，疾病种类各不相同，剖检的目的要求也有差异，因此剖检的顺序也应灵活运用。常规剖检一般应遵循下列顺序：

新鲜猪尸体→外表检查→剥皮和皮下检查→剖开腹腔先做一般视查→剖开胸腔做一般视查→摘出腹腔脏器→摘出胸腔脏器→摘出口腔和颈部器官→颈部、胸腔和腹腔脏器的检查→骨盆腔脏器的摘出和检查→剖开颅腔，摘出大脑检查剖开鼻腔检查→剖开脊椎管，摘出脊髓检查→肌肉、关节和淋巴结的检查→骨和骨髓的检查。

2. 某些器官组织检查的方法

（1）皮下检查在剥皮过程中进行。要注意检查皮下有无出血、水肿、脱水、炎症和浮肿，并观察皮下脂肪组织的多少、颜色、性状及病理变化性质等。

（2）淋巴结要特别注意下锁淋巴结、颈浅淋巴结、颈下淋巴结等体表淋巴结，肠系膜淋巴结、肺门淋巴结等内脏器官附属淋巴结，注意其大小、颜色、硬度，与其周围组织的关系及横切面的变化。

（3）胸膜腔。观察有无液体，液体的数量、透明度、色泽、性质、浓度和气味，注意浆膜是否光滑，有无粘连等病变。

（4）肺脏。首先注意其大小、色泽、重量、质地、弹性，有无病灶及表面附着物等。然后用剪刀将支气管剪开，注意观察支气管黏膜的色泽，表面附着物的数量、黏稠度。最后将整个肺脏纵横切割数刀，观察切面有无病变，切面流出物的数量、色泽变化等。

（5）心脏。先检查心脏纵沟、冠状沟的脂肪量和性状，有无出血，然后检查心脏的外形、大小、色泽及心外膜的性状。最后切开心脏检查心腔。方法是沿左纵沟左侧的切口，切至肺动脉起始处；沿左纵沟右侧的切口，切至主动脉的起始处；然后将心脏翻转过来，沿右纵口左右两侧做平行切口，切至心尖部与左侧心切口相连接；切口再通过房室口切至左心房及右心房。经过上述切线，心脏全部剖开。检查心脏时，注意检查心腔内血液的含量及性状。检查心内膜的色泽、光滑度、有无出血，各个瓣膜、腱索是否肥厚，有无血栓形成和组织增生或缺损等病变。对心肌的检查，应注意心肌各部的厚度、色泽、质地，有无出血、癫痕、变性和坏死等。

（6）脾脏．脾脏摘出后，检查脾门血管和淋巴结，测量脾的长、宽、厚，称其重量。观察其形态和色彩，包膜的紧张度，有无肥厚、梗死、服肿及癫痕形成，用手触摸脾的质地（坚硬、柔软、脆弱），然后做一两个纵切，检查脾髓、滤泡和脾小梁的状态，有无结节、坏死、梗死和浮肿等。以刀背刮切面，检查脾髓的质地。患败血症猪的脾脏，常显著肿大，包膜紧张，质地柔软，呈暗红色，切面突出，结构模糊，往往流出多量煤焦油样血液。脾脏瘀血时，脾亦显著肿大变软，切面有暗红色血液流出。增生性脾炎时，脾稍肿大，质地较实，滤泡常显著增生，其轮廓明显。萎缩的脾脏，包膜肥厚皱缩，脾小梁纹理粗大而明显。

（7）肝脏．先检查肝门部的动脉、静脉、胆管和淋巴结。然后检查肝脏的形态、大小、色泽、包膜性状、有无出血、结节、坏死等。最后切开肝组织，观察切面的色泽、质地和含血量等情况。注意切面是否隆突，肝小叶结构是否清晰，有无浮肿、寄生虫性结节和坏死等。

（8）肾脏。先检查肾脏的形态、大小、色泽和质地。注意包膜的状态，是否光滑透明和容易剥离。包膜剥离后，检查肾表面的色泽，有无出血、癫痕、梗死等病变。然后由肾的外侧向肾门部将肾纵切为相等的两半，检查皮质和髓质的厚度、色泽，交界部血管状态和组织结构纹理。最后检查肾盂，注意其容积，有无积尿、蓄胶、结石等，以及黏膜的性状。

（9）胃。先观察其大小，浆膜面的色泽，有无粘连，胃壁有无破裂和穿孔等，然后由贲门沿大弯剪至幽门。胃剪开后，检查胃内容物的数量、性状、含水量、气味、色泽、成分，有无寄生虫等。最后检查胃黏膜的色泽，注意有无水肿、充血、溃疡、肥厚等病变。

（10）肠管。对十二指肠、空肠、回肠、大肠、直肠分段进行检查。在检查时，先检查肠管浆膜面的色泽，有无粘连、肿瘤、寄生虫结节等。然后剪开肠管，随时检查肠内容物的数量、性状、气味，有无血液、异物、寄生虫等。除去肠内容物后，检查肠黏膜的性状，注意有无肿胀、发炎、充血、出血、寄生虫和其他病变。

（11）膀胱。检查膀胱的大小，尿量及色泽，有无寄生虫、结石，以及结膜有无出血和炎症等。

（12）生殖器官。公猪检查睾丸和附睾，检查其外形、大小、质地和色泽，观察切面有无充血、出血、癫痕、结节、化脓和坏死等。母猪检查子宫、卵巢和输卵管，先注意卵巢的外形、大小，卵黄的数量、色泽，有无充血、出血、坏死等病变。观察输卵管浆膜面有无粘连、膨大、狭窄、囊肿，然后剪开，注意腔内有无异物或黏液、水肿液，黏膜有无肿胀、出血等病变。检查阴道和子宫时，除观察子宫大小及外部病变外，还要用剪子依次剪开阴道、子宫颈、子宫体，直至左右两侧子宫角，检查内容物的性状及黏膜的病变。

（13）口腔检查。检查牙齿、齿龈的变化，口腔和舌黏膜的色泽以及有无外伤、溃疡、水肿、烂斑和出血，舌肌有无白色点状物等病理变化。

（14）咽喉检查。检查结膜色泽、有无伪膜、淋巴结有无出血斑点、喉囊有无蓄服等病理变化，扁桃体有无水肿、出血、坏死和溃疡等现象。

（15）鼻腔检查。检查鼻黏膜的色泽，有无出血、炎性水肿、结节、糜烂、穿孔、疤痕及寄生虫等，鼻中隔有无变化，副鼻窦有无蓄脓等。

（16）颅腔检查。打开颅腔后，检查硬脑膜和软脑膜，有无出血、充血、瘀血。切开大脑，检查脉络丛的性状及脑室有无积水。检查有无白点。然后横切脑组织，检查有无出血及溶解性坏死等。

（三）尸体剖检的诊断方法

1. 外部检查

在进行尸体剖检前应先了解病死猪的流行病学情况、临床症状和治疗效果，对病情有个初步的诊断，缩小对所患疾病的考虑范围，对剖检有一定的导向性，可缩短剖检的时间。现将病猪主要症状可能涉及的疾病以及猪尸体外部病理变化可能涉及的疾病列表（表7-1、表7-2）介绍如下。

表7-1　病猪主要症状所涉及的疾病

主要症状	可能涉及的疾病
仔猪下痢	红痢、黄痢、白痢、传染性胃肠炎、流行性腹泻、轮状病毒感染、猪痢疾、副伤寒、空肠弯曲菌病、腺病毒感染、鞭虫病、胃肠炎、球虫病、蓝耳病、衣原体病
呼吸困难	气喘病、猪肺疫、流感、接触传染性胸膜肺炎、传染性萎缩性鼻炎、蓝耳病、猪圆环病毒病、肺炎
神经症状	猪水肿病、乙型脑炎、李氏杆菌病、伪狂犬病、仔猪先天性肌阵挛、神经型猪瘟、链球菌病、传染性脑脊髓炎、食物、药物或农药中毒、衣原体病
流产或死胎	猪细小病毒感染、乙型脑炎、猪瘟、布鲁氏菌病、伪狂犬病、蓝耳病、弓形虫病、引起妊娠母猪体温升高的疾病及非传染病因素（包括高温、营养、中毒、机械损伤、应激、遗传等）、衣原体病、附红细胞体病

表7-2　病猪尸体外部病理变化可能涉及的疾病

器官	病理变化	可能涉及的疾病
眼	眼角有泪痕或眼屎眼结膜充血、苍白、黄染眼睑水肿	流感、猪瘟、衣原体病热性传染病、贫血、黄瘟、附红细胞体病、猪水肿病、蓝耳病
口鼻	鼻孔有炎性渗出物流出，鼻歪斜，颜面部变形，上唇吻突及鼻孔有水痛、糜烂，齿龈、口角有点状出血，唇、齿龈、颊部黏膜溃疡，齿龈水肿	流感、气喘病、萎缩性鼻炎、口蹄疫、水疱病、猪瘟、猪水肿病
皮肤	胸、腹和四肢内侧皮肤有大小不一的出血斑点方形、菱形红色疹块，耳尖、鼻端、四蹄呈紫色下腹和四肢内侧有痘疹，蹄部皮肤出现水疱、糜烂、溃疡，咽喉部明显肿大。	猪瘟、湿疹、附红细胞体病、衣原体病、猪丹毒、沙门氏菌病、蓝耳病猪口蹄疫、水疱病、链球菌病、猪肺疫等
肛门	肛门周围和尾部有粪污染	腹泻性疾病

2. 内部检查

猪的剖检一般采用背位姿势，为了使尸体保持背位，需切断四肢内侧的所有肌肉和髋关节的圆韧带，使四肢平摊在地上，借以抵住躯体，保持不倒。然后再从颈、胸、腹的正中侧切开皮肤，只在腹侧剥皮。如果是大猪，又属非传染病死亡，皮肤可以加工利用时，建议仍按常规方法剥皮，然后再切断四肢内侧肌肉，使尸体保持背位。

（1）皮下检查。皮下检查在剥皮过程中进行。除检查皮下有无充血、炎症、出血、瘀血（血管紧张，从血管断端流出多量暗红色血液）、水肿（多呈胶冻样）等病变外，还必须检查体表淋巴结的大小、颜色，有无出血，是否充血，有无水肿、坏死、化脓等病变。小猪（断奶前）还要检查肋骨和肋软骨交界处，有无串珠样肿大。

（2）剖开腹腔和腹腔脏器的摘出。从剑状软骨后方沿白线由前向后切开腹壁至耻骨前缘，观察腹腔中有无渗出物；渗出液的数量、颜色和性状；腹膜及腹腔器官浆膜是否光滑，肠壁有无粘连；再沿肋骨弓将腹壁两侧切开，使腹腔器官全部暴露。首先摘出肝脏、脾脏及网膜，依次为胃、十二指肠、小肠、大肠和直肠，最后摘出肾脏。在分离肠系膜时，要注意观察肠浆膜有无出血，肠系膜有无出血、水肿，肠系膜淋巴结有无肿胀、出血、坏死。

（3）剖开胸腔和胸腔脏器的摘出。先用刀分离胸壁两侧表面的脂肪和肌肉，检查胸腔的压力，用刀切断两侧肋骨与肋软骨的结合部，再切断其他软组织，除去胸壁腹面，胸腔即可露出。检查胸腔、心包腔有无积液及其性状，胸膜是否光滑，有无粘连。

（4）分离咽喉头、气管、食管周围的肌肉和结缔组织，将喉头、气管、食管、心和肺一同摘出。

（5）剖检小猪可自下颌沿颈部、腹部正中线至肛门切开，暴露胸腹腔，切开耻骨联合，露出骨盆腔。然后将口腔、颈部、胸腔、腹腔和骨盆腔的器官一起取出。

（6）剖开颅腔可在脏器检查后进行。清除头部的皮肤和肌肉，在两眼眶之间横劈额骨，然后再将两侧颞骨（与颧骨平行）及枕骨髁劈开，即可掀掉颅顶骨，暴露颅腔。检查脑膜有无充血、出血。必要时取材送检。

3. 摘出器官的检查

参照前面介绍的内脏器官的检查方法，逐一检查各个器官的病理变化，并详细记录。猪常见的病理变化及可能的疾病参见表7-3，主要猪病的剖检诊断参见表7-4。

表7-3　备器官病理变化及可能发生的疾病

器官	病理变化	可能发生的疾病
淋巴结	领下淋巴结肿大，出血性坏死，全身淋巴结有大理石样出血变化，咽、颈及脑系膜淋巴结黄白色干酪样坏死灶，淋巴结充血、水肿、小点状出血，支气管淋巴结、肠系膜淋巴结髓样肿胀	猪炭疽、链球菌病、蓝耳病猪瘟、猪圆环病毒病、猪结核、附红细胞体病、急性猪肺疫、猪丹毒、链球菌病、衣原体病、猪气喘病、猪肺疫、传染性胸膜肺炎、副伤寒
肝	坏死小灶，胆囊出血	沙门氏菌病、弓形虫病、李氏杆菌病、伪狂犬病、衣原体病、猪瘟、胆囊炎、附红细胞体病
脾	脾边缘有出血性梗死灶，稍肿大，呈樱桃红色，瘀血肿大，灶状坏死，脾边缘有小点状出血	猪瘟、链球菌病、猪丹毒、弓形虫病、附红细胞体病、仔猪红痢
胃	胃黏膜斑点状出血，溃疡胃黏膜膜充血、卡他性炎症，呈大红布样胃黏膜下水肿	猪瘟、胃溃疡、猪丹毒、食物中毒、水肿病
肠	胃黏膜小点状出血，节段状出血性坏死，浆膜下有小气泡，以十二指肠为主的出血性、卡他性炎症	猪瘟、仔猪红病、衣原体病、仔猪黄痢、猪丹毒、食物中毒

表7-4　主要猪病的剖检诊断

器官	病理变化	可能发生的疾病
大肠	盲肠、结肠勃膜灶状或弥漫性坏死，盲肠、结肠粘膜膜扣状溃痛，卡他性、出血性炎症，黏膜下高度水肿	慢性副伤寒、猪瘟、猪病疾、胃肠炎、食物中毒、水肿病

（续表）

器官	病理变化	可能发生的疾病
肺	出血斑点，纤维素性肺炎，心叶、尖叶、中间叶肝样变，水肿，小点状坏死，粟粒性、干醋样结节	猪瘟、蓝耳病、衣原体病、猪肺疫、传染性胸膜肺炎、气喘病、弓形虫病、猪圆环病毒病、结核病
心	心外膜斑点状出血，心肌条纹状坏死带纤维素性心外膜炎，心瓣膜菜花样增生物心肌内有米粒大灰白色包囊疱	猪瘟、猪肺疫、链球菌病、口蹄疫、猪肺疫、胸膜肺炎、蓝耳病、慢性猪丹毒、猪囊尾蚴病
肾	苍白，小点状出血，高度瘀血，小点状出血	猪瘟、伪狂犬病、附红细胞体病、急性出血、蓝耳病
膀胱	黏膜层有出血斑点	猪瘟
浆膜及浆膜腔	浆膜出血，纤维素性胸膜炎及粘连，积液	猪瘟、链球菌病、猪肺疫、气喘病、传染性胸膜肺炎、弓形虫病
睾丸	1个或2个睾丸肿大、发炎、坏死或萎缩	乙型脑炎、布鲁氏菌病

（四）尸体剖检的记录与尸体剖检报告

尸体剖检记录是尸体剖检报告的重要依据，也是进行综合分析判断的原始资料。记录的内容力求完整详细，如实地反映尸体的各种病理变化，且要做到重点详写，次点简写。记录最好于当时当地完成，事后及时整理、补充。如限于条件及人手不足，也可以在剖检之后靠记忆及时写好。

对病变的描述，要客观地用通俗易懂的语言加以表达，使用法定计量标准和大家都熟悉的形象，如实地记录下器官或病变的位置、大小、形态、颜色、质地、数量、透明度、湿度、结构、气味等。例如，大小用小米粒大、黄豆大、拳头大、篮球大等形象比拟。部位用上、中、下，腹、背，左、右等。质地用软、硬、胶冻样、黏稠、豆腐渣样等。单一的颜色可用鲜红、淡红、苍白等词来表示，复杂的色彩可用紫红、灰白等词表示（这种复色，前者是次色，后者为主色）。除了用文字描述病变外，如果有条件配合画图或照相，效果会更好。值得注意的是，在描述时应尽量避免使用出血、变性、坏死等名词，因这样不能正确反映疾病本来的面目，往往带有主观性。当剖检未发现器官的病变时，可写未见明显的肉眼病变。

一份完整的尸体剖检记录，一定要包括表7-5所列的内容。在记录剖检所见内容时，视情况可添加附页。

尸体剖检报告是根据剖检发现的病理变化和它们相互依存关系，以及辅助诊断检查所提供的材料，经过详细的分析而得出的一种结论性报告。一份完整的尸体剖检报告书应包括表7-6所列的内容。其中病理解剖学诊断，是根据剖检所见的变化，进行综合分析，判断病理变化的主次，用病理术语对病变做出的诊断，其顺序可按病变的主次及相互关系来排列。

表7-5 尸体剖检记录

剖检号：

畜主		畜种		性别		年龄		特征	
临床摘要 及 临床诊断									
死亡时间		年月日时			剖检时间		年月日时		
剖检地点					剖检者				
剖检所见									

表7-6 尸体剖检报告书

剖检号：

畜主		畜种		性别		年龄		特征	
临床摘要 及 临床诊断									
死亡时间		年月日时		剖检时间		年月日时			
剖检地点				剖检者					
病理解剖 学诊断									
其他诊断									
结论		剖检兽医（签名） 年　月　日							

结论是根据病理解剖学诊断，结合病畜生前临床症状及其他有关资料做出的判断，阐明是何疾病及病畜致死的原因，并提出防治建议。

五、病料的采集、保存和送检

猪病的种类很多，有的是常见病和多发病，如白病、黄病等，比较容易诊断；有的表现出特异性的症状和病变，如水肿病、气喘病等，可以一目了然。但在更多的情况下是疾病缺乏特征性的病变，甚至肉眼看不到明显的病变，有的出现2种以上不同疾病的复杂病变，而本场又缺乏实验室诊断的设备和条件，为了弄清病因，正确诊断，需要采集病料，送至有关单位或诊断室做进一步检验。

（一）病料的采集

1. 细菌和病毒学检查材料

取料时间要求在患畜死后即行采取，最好不超过 6 小时。剖开腹腔后，首先取材料，再做检查，因时间拖长后肠道和空气中的微生物都可能污染病料。

采集病料时应行无菌操作，所用的容器和器械都要经过消毒。刀、剪、镊子用火焰消毒或煮沸消毒（100℃，15～20 分钟）；玻璃器皿（如试管、吸管、注射器及针头等）要洗干净，用纸包好，高压蒸汽灭菌（1.5 千克/平方厘米，121℃，20～30 分钟）或干热灭菌（160℃，2 小时）。

采病料要有目的地进行，首先怀疑是什么病，就采什么病料；如果不能确定是什么病时，则尽可能地全面采集病料。取料的方法如下：

（1）实质器官（肝脏、脾脏、肾脏、淋巴结）。先用废刀（新刀火烧后易损坏）在酒精灯上烧红后，烧烙取材的器官表面，再用灭菌的刀、剪、镊从组织深部取病料（1～2 立方厘米大小），放在灭菌的容器内。

（2）血液、胆汁、渗出液、脓液等流汁病料。先烧烙心、胆囊或病变处的表面，然后用灭菌注射器插入器官或病变内抽取，再注入灭菌的试管或小瓶内。

猪死后不久血液就凝固，无法采血样，但从心室内尚可取出少量（多数为血浆）。若死于败血症或某些毒物中毒，则血液凝固不良。

（3）全血。是指加抗凝剂的血液。用无菌操作从耳静脉采血3～5 毫升，盛于灭菌的小瓶内，瓶内先加抗凝剂（20% 枸橼酸纳溶液）2～3 滴于 5 毫升血液中，轻轻振摇。

（4）血清。同上方法采出3～5 毫升血液，置于干燥的灭菌试管内，经1～2小时后即自然凝固，析出血清。必要时可进行离心，再将血清吸出置于另一灭菌的小管内，冰冻保存。

（5）肠内容物及肠壁。烧烙肠道表面，用吸管插穿肠壁，从肠腔内吸取内容物，置入试管内，也可将肠管两端结扎后取出送检。

（6）皮肤、结痂、皮毛等。用刀、剪割取所需的样品，主要用于真菌、疥螨、痘疮的检查。

（7）脑、脊髓等病料。常用于病毒学的检查。无菌操作法采集病死猪的脑或脊髓。

2. 寄生虫学检查材料

（1）血液寄生虫（如血孢子虫），需送检血片及全血。

（2）线虫（绝大部分在胃肠道，也有的在肺脏、肾脏等处）主要是挑拣虫体（要注明采集的部位），尽可能多拣一些，并把它保存在4%的福尔马林或70%的酒精中。

3. 毒物学检查材料

（1）要求容器清洁，无化学杂质，要洗刷干净，不能随便用药瓶盛装，病料中更不能放入防腐消毒剂，因为化学药品可能发生反应而妨碍检验。

（2）送检材料应包括肝脏、肾脏、胃、肠内容物及怀疑中毒的饲料样品，甚至血和膀胱内容物。

（3）每一种病料应该放在一个容器内，不要混合。

（4）专人保管、送检，除微生物检查所附带的说明外，尚须提供剖检材料，提供可疑的毒物。

4. 病理组织学检查材料

（1）及时采取，及时固定，以免自溶出现死后变化，影响诊断。

（2）所切取的组织，应包括病灶和其邻近的正常组织两部分。这样便于对照观察，更主要的是看病灶周围的炎症反应变化。

（3）采取的病理组织材料，要包括各器官的主要结构，如肾应包括皮质、髓质、肾乳头及被膜。

（4）选取病料时，切勿挤压（可使组织变形）、刮抹（使组织缺损）、冲洗（水洗易使红细胞和其他细胞成分吸水而胀大，甚至破裂）。

（5）选取的组织不宜太大，一般为 3 厘米 ×2 厘米 ×0.5 厘米或 1.5 厘米 ×1.5 厘米 ×0.5 厘米。尸检取标本时可先切取稍大的组织块，待固定一段时间（数小时至过夜）后，再修整成适当大小，并换固定液继续固定。常用的固定液是 10% 福尔马林，固定液量为组织体积的 5～10 倍。容器可以用大小适宜的广口瓶。

（6）当类似的组织块较多，易造成混淆时，可分别固定于不同的小瓶内，并附上标记（用铅笔标明的小纸片和组织块一同用纱布包裹），再行固定。

5. 几种主要传染病病理材料的采取方法

（1）口蹄疫。无菌采取新鲜、成熟、未破裂、无污染溃烂的水疱皮或水疱液。水疱皮可保存在 50% 甘油生理盐水中，供作反向血凝及动物试验。

（2）猪瘟。采死猪的整个脾、肾、淋巴结及有病变的消化道，分别装在容器中供病理检查，霉标试验及分离、培养动物接种，如需抗体检查则采血清。

（3）猪丹毒。采死猪的脾、肾、淋巴结或有疹块的皮肤保存在 30% 甘油生理盐水中，作细菌学检查，也可采未破溃的淋巴结或病猪耳静脉全血送检。

（4）破伤风。从疑似细菌侵入的创伤深处吸取伤口中的血液、浓汁或挖取局部深处的坏死组织送检。

（5）伪狂犬病。小家畜可送全尸、完整的头部、整个大脑或大脑的一部分正脑、小脑。如作病理组织检查则用福尔马林保存，作病原检查则保存在 50% 的甘油生理盐水中。

（6）猪肺疫。采血液或局部病变的渗出液装在消毒试管或青霉素瓶内送检，也可直接作血片或淋巴抹片作细菌检查。检查时采病变的淋巴结、脾、肝或小块肺。

（7）猪霉形体肺炎（喘气病）。采整个肺脏或病变部分及肺门淋巴结放在灭菌瓶内加甘油生理盐水保存送检。也可采取血清作间接血凝试验。

（二）样品的记录、保存、包装和运送

1. 采样记录

采样单应用钢笔或签字笔逐项填写（一式三份），样品标签和封条应用签字笔填写，保温容器外封条应用钢笔或签字笔填写，小塑料离心管上可用记号笔作标记。应将采样单和病史资料装在塑料包装袋中，并随样品送实验室。样品信息至少应包括以下内容：

（1）畜主姓名和畜禽场地址。

（2）畜禽（农）场里饲养动物品种及数量。

（3）被感染动物或易感动物种类及数量。

（4）首发病例和继发病例的日期。

（5）感染动物在畜禽群中的分布情况。

（6）死亡动物数、出现临床症状的动物数量及年龄。

（7）临床症状及其持续时间，包括口腔、眼睛和腿部情况，产奶或产蛋记录，死亡情况和时间，免疫和用药情况等。

（8）饲养类型和标准，包括饲料。

（9）送检样品清单和说明，包括病料种类、保存方法等。

（10）动物治疗史。

（11）要求做何种试验或监测。

（12）送检者的姓名、地址、邮编和电话。

（13）送检日期。

（14）采样人和被采样单位签章。

2. 样品的保存

病料正确的保存方法，是病料保持新鲜或接近新鲜状态的根本保证，是保证监测结果准确无误的重要条件。

（1）血清学检验材料的保存：一般情况下，病料采取后应尽快送检，如远距离送检，可在血清中加入青、链霉素防腐败。

（2）微生物检验材料的保存：液体病料：黏液、渗出物、胆汁、血液等，最好收集在灭菌的小试管或青霉素瓶中，密封后用纸

或棉花包裹，装入较大的容器中，再装瓶（或盒）送检。

用棉拭蘸取的鼻液、脓汁、粪便等病料，应将每支棉拭剪断或烧断，投入灭菌试管内，立即密封管口，包装送检。

实质脏器：在短时间内（夏季不超过 20 小时，冬季不超过 2 天）能送到检验单位的，可将病料的容器放在装有冰块的保温瓶内送检。短时间不能送到的，供细菌检查的，放于灭菌流动石蜡或灭菌的 30% 甘油生理盐水中保存；供病毒检查的，放于灭菌的 50% 甘油生理盐水中保存。

（3）病理组织检验材料的保存：采取的病料通常使用 10% 福尔马林固定保存。

（4）毒物中毒检验材料的保存。检样采取后，内脏、肌肉、血液可合装一清洁容器内，胃内容物与呕吐物合装一容器内，粪、尿、水、饲料等应分别装瓶，瓶上要贴有标签，注明病料名称及保存方法等。然后严密包装，在短时间内应尽快送实验室检验或派专人送指定单位检验。

3. 样品的运送

所采集的样品以最快最直接的途径送往实验室。如果样品能在采集后 24 小时内送抵实验室，则可放在 4℃ 左右的容器中运送。只有在 24 小时内不能将样品送往实验室并不致影响检验结果的情况下，才可把样品冷冻，并以此状态运送。根据试验需要决定送往实验室的样品是否放在保存液中运送。

加强个人防护，对人兽共患病，在采病料时应戴手套、口罩等。如疑似炭疽则不能剖检，而应采取局部皮肤或耳尖送检，如确实需要剖检，一定要严格做好消毒和防护，防止病原扩散。